耐震工学入門

第3版・補訂版

平井 一男・水田 洋司 共著

Seismic
Engineering

森北出版株式会社

●本書のサポート情報を当社Webサイトに掲載する場合があります．
下記のURLにアクセスし，サポートの案内をご覧ください．

https://www.morikita.co.jp/support/

●本書の内容に関するご質問は，森北出版 出版部「(書名を明記)」係宛
に書面にて，もしくは下記のe-mailアドレスまでお願いします．なお，
電話でのご質問には応じかねますので，あらかじめご了承ください．

editor@morikita.co.jp

●本書により得られた情報の使用から生じるいかなる損害についても，
当社および本書の著者は責任を負わないものとします．

■本書に記載している製品名，商標および登録商標は，各権利者に帰属
します．

■本書を無断で複写複製（電子化を含む）することは，著作権法上での
例外を除き，禁じられています．複写される場合は，そのつど事前に
(一社)出版者著作権管理機構（電話03-5244-5088，FAX03-5244-5089，
e-mail：info@jcopy.or.jp）の許諾を得てください．また本書を代行業者
等の第三者に依頼してスキャンやデジタル化することは，たとえ個人や
家庭内での利用であっても一切認められておりません．

まえがき

このテキストは誰が読んでも理解できることを最大の目標としている．そのためにていねいな記述を心がけたが，時には，記述がていねいすぎ，式の誘導も長すぎるところがあるかと思われる．つまり，このテキストは講義で理解できなかったことも自習で理解できるようになることを目標としている．

長年の講義で学生が理解しにくかったところ，質問が出たところなどにとくに丁寧な説明を加えた．また，卒業研究の学生にわかりにくい箇所を指摘してもらって，訂正を加えた．

耐震工学とは，文字どおり地震に耐える対策を考える工学であるが，ここでは地震による構造物（橋，建物）の振動を最小に抑える理論的手法を取り扱い，振動しない山崩れ・トンネルなどは対象としない．

『耐震工学入門』の全体は

第Ⅰ編　地震　　　　発生と性状と被害
第Ⅱ編　振動　　　　構造物の揺れと制振の振動理論
第Ⅲ編　耐震設計　揺れに対する設計指針

の三つの部分より構成されている．

各編を理解することは大切であるが，より深く理解するだけでなく，感覚的に頭の中にその現象を思い浮かべられることも大切である．本書ではその助けとなるように，必要な箇所に感覚的に理解できる要点を加えた．また，このテキスト全体の内容をよく理解してもらうために，一番はじめに

「耐震工学の概略を知る」

を書いた．これは耐震工学の骨格をなす振動の発生と抑制を感覚的に知ってもらうためであり，これより各章の関連事項の関係もより深く理解できる．

振動現象を説明するために理論を学ぶ必要がある．振動理論の分野は難易度の差が大きいが，ここでは大学初年次の微積分の知識があれば十分である．もちろん，一般の人で耐震に興味をもつ方が理解できるように記述している．複雑な振動系にはマトリックスの表現が必要になるが，ここでは2自由度の振動を例題にして解き，これをマトリックスと対比して書いているので，マトリックスの知識がなくても意味は理解できるだろう．

振動理論による結果と実際の振動現象とを対比して感覚的に理解するために，両者

の相関関係を先に説明し，途中に出てくる式の誘導を飛ばして先に進むことを考えた．

　この本の原稿を書くにあたって，1994年当時の鹿児島高専の内谷保教授，大分高専の園田敏矢助教授から講義で使うにあたっての貴重なご意見を，八代高専の久保田智助教授からは地震についてのご助言を頂いた．熊本大学の宮崎靖男技官には図の作成で手を煩わせた．併せてお礼申し上げる．

　　2014年11月

著　者

補訂版の執筆にあたって

　2017年11月，橋の技術基準である道路橋示方書の改訂版が出版された．今回の改訂では，許容応力度法から限界状態設計法・部分係数法への大転換がなされた．「耐震設計編」では，架橋位置と形式選定に関する事項，フェールセーフ，耐荷性能に対する照査などが規定された．このテキストで述べている地震動を考慮した耐震設計法（第Ⅲ編　耐震設計）に関して新たな変更は見られなかったが，「耐震設計編」の記述にならって用語を整理し，耐震設計法を静的解析と動的解析に分けて説明するために，補訂版を出版することにした．

　　2018年9月

著　者

目　次

耐震工学の概略を知る　　　　　　　　　　　　　　　　　　　　　vii

第Ⅰ編　地　震

第1章　地震発生のメカニズム　　　　　　　　　　　　　2

1.1　地球の内部を知ろう　……………………………………　3
1.2　地殻は動く　………………………………………………　3
1.3　地球表面は板の集まり　…………………………………　5
1.4　プレートテクトニクスによる地震発生の説明　………　6
1.5　地震はどこで発生しているのか　………………………　9
1.6　日本は地震国　……………………………………………　10
演習問題　………………………………………………………　11

第2章　地震の強さ　　　　　　　　　　　　　　　　　12

2.1　地震の位置表現　…………………………………………　12
2.2　マグニチュードとは　……………………………………　12
2.3　感覚による地震の大きさの判定と震度計　……………　14
2.4　地震波の種類を知る　……………………………………　16
2.5　地震波の大きさの表現法　………………………………　19
2.6　卓越周期とは何か　………………………………………　20
2.7　卓越振動の選別　…………………………………………　21
2.8　振動振幅は何によって決まるのか　……………………　22
演習問題　………………………………………………………　24

第3章　地震による被害　　　　　　　　　　　　　　　25

3.1　直接被害には何があるのか　……………………………　25
3.2　二次災害には何があるのか　……………………………　29
演習問題　………………………………………………………　31

iv 目次

第II編 振 動

第4章 振動工学の役割 34

4.1 興味深い振動現象 34
4.2 静特性と動特性は何を指すのか 35
4.3 なぜ構造物は揺れるのか 35
4.4 振動工学の適用範囲 36
演習問題 36

第5章 構造物の振動要素 37

5.1 バネ定数は強さ(剛性)を表す定数 37
5.2 構造体のバネ定数を求める 38
5.3 構造物のモデル化 39
演習問題 40

第6章 1自由度系の自由振動 41

6.1 振動の基本はニュートンの第2法則 41
6.2 運動方程式を導く 42
6.3 運動方程式を解く 43
演習問題 47

第7章 減衰をもつ1自由度系の自由振動 49

7.1 減衰モデル 49
7.2 運動方程式を導く 50
7.3 運動方程式を解く 51
7.4 対数減衰率による実用的な減衰効果の判定 55
演習問題 57

第8章 1自由度系の定常振動 58

8.1 定常振動と過渡振動の区別 58
8.2 運動方程式とその解 58
8.3 減衰のみが定常振動の振幅特性を左右する 60

目　次　**v**

8.4　定常振動の位相特性は何に左右されるのか …	62
8.5　起振機による振動試験　…	65
8.6　変位(地震)による強制振動　…	67
8.7　振動計(加速度計と変位計)の原理を考える　…	70
演習問題　…	72

第9章　不規則外力を受ける1自由度系の振動　　74

9.1　インパルス応答はパンチ力による応答　…	74
9.2　ステップ外力による応答　…	77
9.3　不規則外力を受ける振動系の応答　…	79
演習問題　…	82

第10章　2自由度(多自由度)系の自由振動　　83

10.1　自由度2の振動モデルの例示　…	83
10.2　2自由度系の自由振動を考える　…	86
10.3　基準振動モードの約束　…	89
10.4　振動解析には正規化モードが必要　…	91
10.5　振動モード間の直交性　…	93
10.6　2自由度系の自由振動に減衰を入れてみよう　…	96
10.7　2自由度系から多自由度系へ　…	98
演習問題　…	101

第11章　多自由度系の強制振動(モーダルアナリシス)　　102

11.1　正規化モードで任意の変形(関数)を表す　…	102
11.2　外力を受ける2自由度系の運動方程式をつくる　…	104
11.3　モーダルアナリシスはすばらしい解析法　…	106
11.4　定常振動より振動特性がわかる　…	112
11.5　2自由度系の地盤変位による振動　…	113
11.6　モーダルアナリシスは多自由度系にも有効　…	115
11.7　減衰をもつ多自由度系のモーダルアナリシス　…	117
演習問題　…	118

vi 目 次

第 12 章 　逐次積分法による構造物の振動応答　120

12.1 　Newmark の β 法とはどういう方法なのか　120
12.2 　1 自由度系の計算に使用しよう　124
12.3 　多自由度系の計算に使用しよう　125
12.4 　時間間隔 Δt のとり方　127
12.5 　振動応答を計算してみよう　128
演習問題　135

第Ⅲ編　耐震設計

第 13 章 　耐震設計の基礎　138

13.1 　耐震設計法の種類と選択　138
13.2 　震度法は耐震設計の基礎　140
13.3 　静的解析に用いる慣性力　141
13.4 　応答変位法は変位を考える　146
13.5 　地震時保有水平耐力法と荷重漸増載荷解析の関係　147
13.6 　動的解析法とは何か　148
演習問題　155

付　録　156

A.1 　自由度とは　156
A.2 　単振動の合成　156
A.3 　$h = 1$ の微分方程式の解　157
A.4 　加速度・速度・変位の応答スペクトルの関係　158
A.5 　免震・制震　160
A.6 　静的変位 δ と固有周期 T の関係　161
A.7 　最大運動エネルギー＝最大ひずみ(位置)エネルギーから求められる変位 δ　161
A.8 　刺激係数と有効質量　162

演習問題の解答　163

参考文献　179

索　引　180

耐震工学の概略を知る

　ここの内容は本文中と重複するところもあるが，本論に入る前に前もって耐震工学全体の骨格部の概要を知っておけば，耐震を学ぶ必要性がわかり，各章ごとの事項が振動とどのように関連しているかも感覚的に理解できる（図 0.1）．

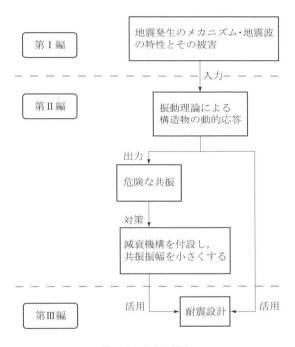

図 0.1　本書の構成

　振動はわれわれの想像を超えた現象を起こす．身近な例として4～5人乗りの乗用車を取り上げる．道路上の突起物上を自動車が通ったとき，自動車の揺れは2～3回の上下振動を繰り返して止まる．この上下振動と同じ振動数で自動車を手で振動させると，自動車は大きく振動する．これは，静かに自動車を下方向へ手で押したときの自動車の動きと比較すると数十倍にも達する大きな振幅である．これが共振とよばれる現象で，これは橋，建物，船，飛行機などすべての構造体に発生する恐ろしい現象である．

　耐震工学は橋，建物などに地震波が作用して構造物が振動したとき，その振動の大

きさを理論に基づいて求め，場合によっては発生する共振をいかに抑えるかの対策を求めることである．地震波があまりにも強力な場合には共振しなくても崩壊するが，共振時の大きな振幅の振動を制御する理論をよく理解しておかなければ，対策のとりようがない．

　上述の乗用車の場合，振動を減衰させる機構としてダンパーを取り付けている．通常の運転では自動車の共振を考慮する必要はほとんどなく，取り付ける最大の目的は発生した振動をできるだけ早く止めることである．しかし，構造物では共振を考えなければならないので，共振との関連を考慮してダンパーの大きさを考えなければならない．一般に，自動車に比べて構造物は巨大である．そのため取り付けるダンパーも大きくなり，その取り付け位置も大切である．この大きさや位置を決めるのも振動理論である．

　ここで重要なことは，振動を抑えられるのはダンパーとよばれる減衰機構だけである．極言すれば，振動問題ではどのようにこの減衰機構を取り入れるかが決め手であり，これを裏付けているのが振動理論である．このことをよく理解して，第Ⅱ編の振動を読んでほしい．

　これらの振動現象の基礎を取り扱うことに関連して，下記事項を学ぶ．

　第Ⅰ編　振動発生源である地震波について

　地震発生のメカニズムを知り，その強さ・発生頻度・分布，地盤の硬軟による振動周波数の変化，建物の共振による破壊，地震による被害を学ぶ．

　第Ⅲ編　耐震設計

　理論的には，いかなる構造物に対しても振動解析は可能であるが，地盤の特性など不明な要素も多いのが現実である．従来の種々の経験や解析結果を考慮した簡便な耐震設計法が，指針として出されており，その概要を学ぶ．

第Ⅰ編 地 震

　第Ⅰ編では，構造物に甚大な被害を与える地震の実体について明らかにする．地震はどのような仕組みで起こるのか，起こった地震の大きさは何を基準に決めればよいか，ある大きさ以上の地震は，世界・日本のどのあたりで頻繁に起こっているのか，この地震によって地球上ではどのような被害が生じているか，などについて述べる．

第1章
地震発生のメカニズム
地球内部の流れと地球表面のきしみを知る

　地球上に存在している高い山脈や平地，海中の海溝，浅い大陸棚や日本列島のような大小の島々といったものは，地球表面の変動（地殻変動）によって形成されたものである．この地殻変動には，火山の噴火のような劇的な急速変化以外に，われわれが気付かないほど非常にゆっくりしたものがある．この遅い動きは，地球の誕生より今日まで約46億年の間たえまなく続いており，長い年月を経れば大きな動きになる．たとえば，毎年 5 cm の変位が生じるとすると，10 年で 50 cm，100 年で 5 m，1000 年で 50 m の変位となる．

　最近，人工衛星などによる精密な測量が可能となり，地球上で生じている地殻の移動量は年間数 cm 程度であることがわかっている．この地殻変動が地球全体に均一に発生しているのであれば問題ないが，後述するように，静止している部分があり，そこに動く部分が入ってくると，その接触部の岩石に大きな力がはたらき，大きなひずみが生じる．そのひずみがある値に達し，岩石の強度が耐えられなくなったときに，岩石は破壊する．

　この岩石破壊によって起こる衝撃が地球表面に伝わって，橋，ビルディング，家などの構造物を揺らす地震となる．岩石破壊の起こった地殻には，図 1.1 に示すような

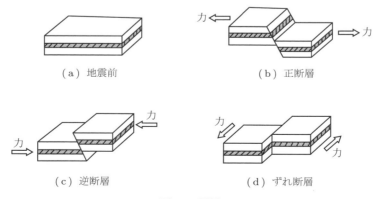

図 1.1　断層

断層が生まれる．この章では，地震発生の原因となる地殻変動が地球内部でどのように進行するかを考えてみよう．このためには，まず地球内部の構成とその特性を調べる必要がある．

1.1 地球の内部を知ろう

図 1.2 に示すように地球は半径約 6370 km の球に近い形をしており，表面は**地殻**とよばれる厚さ 5～60 km の花崗岩質と玄武岩質の薄い層（地球の半径に比べて小さく，図中には示せない）で覆われており，地殻の平均的な厚さは 35 km といわれている．その下は，**マントル**（かんらん岩質といわれており，上部マントルは部分的に溶融状態にあると考えられている．厚さ約 2900 km）と**核**（比重の大きい金属質からなり，外核は液体，内核は固体と考えられている）に分けられる．

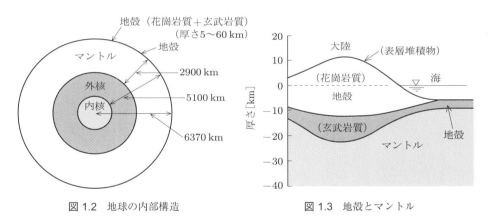

図 1.2 地球の内部構造　　　図 1.3 地殻とマントル

現在，地殻とマントルの関係は**地殻均衡説**（アイソスタシー）で説明されている．これは，海に浮かぶ氷山と同じように地殻がマントルの上に浮いているという考え方で，図 1.3 のように地表に高くそびえる山脈の部分はそれだけ地殻が厚く，海洋底の部分の地殻は薄くなっているというものである．地殻がマントルの上に浮いていると考えれば，地殻の移動についての説明が容易になる．

1.2 地殻は動く

水に浮いている物体（たとえば板切れ）を動かすには，何らかの力が必要である（図1.4）．いま，図 1.5 のように，水を入れた鍋を下から熱すると，温められて軽くなった水は上昇し，冷たい水は沈下するために，鍋の中の水は，矢印の方向（下→上→下）に循環する．これを**熱対流**という．このように，温度差があると，水が上下左右へ動

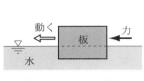

図 1.4 水に浮く物体

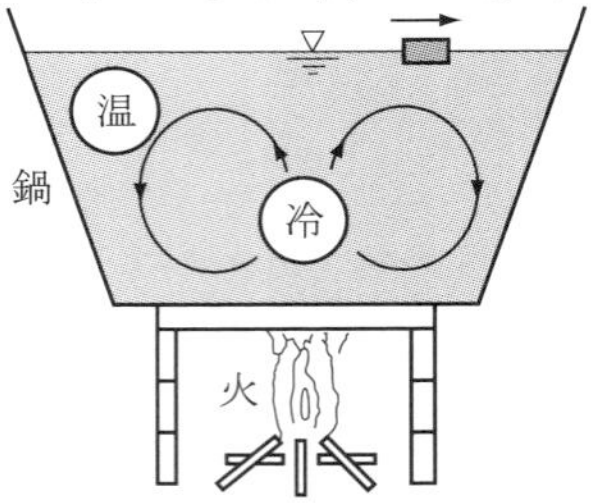

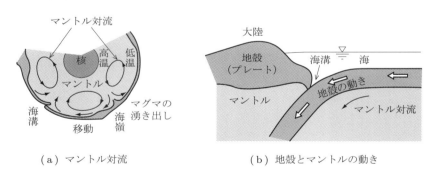

図 1.5 熱対流

くため，水面に浮いている板切れも水の動きに伴って動く．この熱対流が結果的には板切れに力を加えていることになる．

同様に，マントルに浮いている地殻を動かすにも力がいる．これはマントルと地殻の関係が，鍋の中の水と物体の関係と同じと考えれば説明がつく．地球内部は中心に近付くほど，高温であることが判明している．このため，マントルにも鍋の中の水と同じような熱対流があると考えるのは自然であろう．地球内部の断面でこの熱対流（**マントル対流**）の動きを図示すると，図 1.6 のようになる．

(a) マントル対流　　(b) 地殻とマントルの動き

図 1.6 マントル対流と地殻

マントルに浮いている地殻（プレート）は，マントル対流のために球面に沿った方向に動く力を受ける．しかし，マントル対流は一様でないために，プレートは一様に動かず，プレートの境界部は部分的な力を受け，大きなひずみを生じる．これが前述の岩石破壊となり，地震が発生する原因となる．

地殻が動く例としては，ハワイ諸島が日本列島に約 4 cm/年の速度で近付いていること（これは人工衛星で精密に測定できる），ハワイ諸島の火山によってできた島が直線上に位置していること，その活火山の位置が時の経過とともにずれていることなど

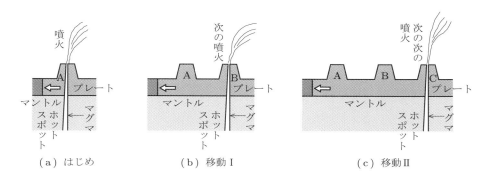

(a) はじめ　　　　　(b) 移動 I　　　　　(c) 移動 II

図 1.7　地殻の移動
　　　　ホットスポット：地球内部からマグマが湧き上がってくる所

があげられる(図 1.7).

1.3　地球表面は板の集まり

　対流が地球の中心から表面に向かって上昇している部分はマントル(マグマ)の湧き出し口，すなわち，**海嶺**あるいは**海膨**となり，表面から中心に向かって下降している部分はマントルの沈み込み口，すなわち，**海溝**となっている(図 1.8)．海嶺・海膨は，マントルの湧き出し口のために海底が盛り上がってできた山脈であり，海嶺は規則的な形，海膨は不規則な形をしている．

　マントルの熱対流によって地殻が移動するとき，地球表面は海嶺・海溝によって分割されているので，そのおのおのが板(**プレート**)となって移動する．地球表面のプレートを平面で描くと，図 1.9 のようになる．図 1.9 中の太い破線は図 1.8 の地球の切断線を表し，矢印はプレートの動く方向を表している．矢印が内に向かう所はプレー

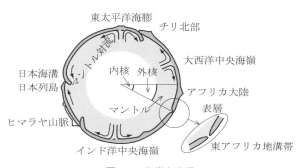

図 1.8　海嶺と海溝

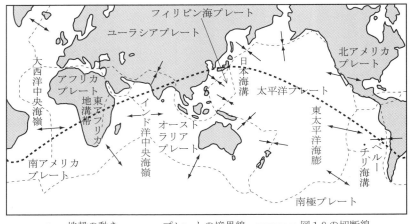

図 1.9 世界のプレート

トが沈み込む海溝を表し，矢印が外に向かう所はプレートが生まれる海嶺・海膨を表している．代表的な海嶺には**大西洋中央海嶺**があり，海溝には日本海溝，伊豆マリアナ海溝などがある．大西洋中央海嶺は北極海に端を発し，北米東海岸近くを通り，南米沖を走る海底山脈である．

　地球表面は海溝，海嶺，海膨でいくつものプレートに分かれており，各プレートは数 cm/年の速度で移動している．プレートが水平の位置にあるときは剛体のような動きをし，マントルの湧き口や沈み込み口のようにプレートが接する部分では造山運動や地震現象が発生するという考え方を**プレートテクトニクス**(plate tectonics)という．テクトニクスはギリシャ語で「造る」という意味をもつ．

1.4　プレートテクトニクスによる地震発生の説明

　図 1.10 は地球上で発生している地震の震源地の分布を示したものである(近年の地震発生度合いもこの図と大差ない)．これを図 1.9 の世界のプレート図と重ね合わせてみると，地震はプレートの境界すなわち海嶺，海膨，海溝の近くで発生していることが理解できる．地震の発生地点がプレートテクトニクスに基づくマントルの湧き口や沈み込み口と一致するのである．ここで，海嶺，海膨，海溝における地震発生機構について考えてみる．

　マントルが湧き出す海嶺・海膨付近では，マントルの上昇・移動に伴って地表に出たマントルが冷えて固まる(地殻になる)とき，冷却収縮によってその部分に張力が発生し，張力の作用によって岩石が割れて地震が発生する(図 1.11)．このとき，岩石に

1.4 プレートテクトニクスによる地震発生の説明 7

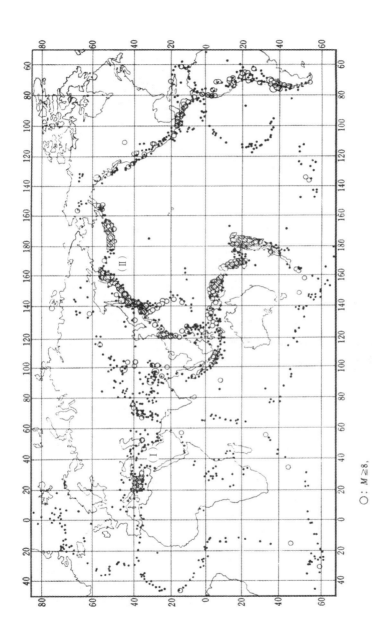

○ : $M \geqq 8$,
◦ : $7 \leqq M < 8$
・ : $5 \leqq M < 7$
▨ : $2° \times 2°$ の面積中に，$5 \leqq M < 7$ の地震が 3 個以上起こった地域（N.B.Golubeva による）

図 1.10 地震の震央分布（$M \geqq 5$，1950～1960 年間）
（出典：大原資生，最新耐震工学（第 5 版），p.19[6]）

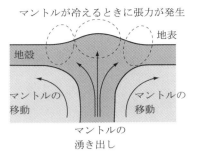

図 1.11　海嶺の地震

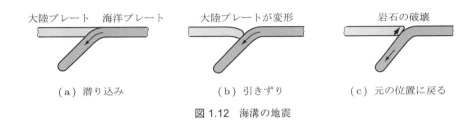

図 1.12　海溝の地震

蓄積される引張りひずみは小さく，小さな地震しか発生しない．しかし，海溝では図1.12 に示すように海洋プレートの大陸プレートへの潜り込み（段階（a））によって，大陸プレートの端部が海洋プレートのほうへ引きずり込まれ（段階（b）），この段階（b）が長期間続いて大陸プレート端部の変形が大きくなると，その端部のひずみが極限に達して岩石の破壊（地震）が起こり，大陸プレートは元の位置に戻る（段階（c））．この段階（b）→（c）の過程ではちょうど，引張られたゴム紐が切れたときのような状態であるので大きな地震が発生する．段階（b）の状態では地盤の沈下が観測され，段階（c）の状態では地盤の隆起が観測される．

　地震は岩石に蓄積されるひずみが極限に達し，岩石が破壊されて発生すると述べたが，プレートテクトニクスの考え方によれば，プレートの毎年の移動量はおおよそ決まっているので，これをもとにして海嶺，海溝付近の蓄積ひずみも計算することが可能であり，周期的に地震が発生することも納得できる．したがって，プレートの年あたりの移動量，岩石の強さが判明すれば，その地域には何年後に地震が起こるかの予想も検討できる．東海地方，東南海地方，南海地方で東北地方太平洋沖地震クラスの地震が近年中に起こる可能性があるといわれているのも，プレートテクトニクスの考え方によるものである．

　日本で起こった地震について考えてみると，太平洋岸では大きな地震が発生し，内

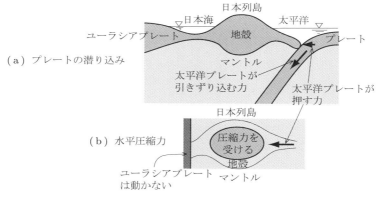

図 1.13　日本列島に作用する力

陸部，日本海側では小さな地震が発生している．これは，大陸プレート上の日本列島部分の岩石強度が海洋プレート（太平洋プレート）に比べて弱く，大きなひずみが蓄積される前に破壊してしまうからであろう．これはなぜであろうか．その理由として，次のようなことが考えられている．太平洋プレートは日本列島を下に引きずり込もうとすると同時に，大陸側に向かって水平に強く押している（図1.13（b））．この力はつねにはたらいており，日本列島を乗せているプレートはこの力のために破砕された状態となり，割れ目が多く，岩石の強度が低下していると考えられる．

1.5　地震はどこで発生しているのか

　地震は地球上のすべての場所で発生するのではなく，ある限られた場所で発生している．1.4節で述べたように地震はプレートの境界面での相対運動によって生じるため，プレートの境界となる海溝，海嶺付近で多発している．図1.10に，1950～1960年までの10年間に起こったマグニチュード5.0以上の地震分布を示している．この傾向は現在までほとんど変わっていない．

　この図を見ると，地球上には二つの帯状（Ⅰ），（Ⅱ）の地震多発地帯のあることがわかる．（Ⅰ）は地中海に端を発し，トルコ，イラン，アフガニスタン，チベットを経てミャンマー，スマトラ島，ジャワ島を通り，ニューギニアに至るものである．これは，欧亜地震帯とよばれている．（Ⅱ）はチリの南端に始まり，南米，中米，北米の太平洋岸を経てアリューシャン列島，カムチャツカ半島，千島列島，日本列島を通り，南西諸島，フィリピン，ニューギニア，ニュージーランドに至る地帯である．これは太平洋を囲む地震帯であり，**環太平洋地震帯**とよばれている．この環太平洋地震帯には，日本列島から小笠原諸島，マリアナ諸島を経て，ニューギニアへ至る地震帯も含まれ

る．これらの環太平洋地震帯には地球上で発生する地震の約80%が含まれる．環太平洋地震帯の地震発生はプレートテクトニクスの考え方で説明可能である．海洋プレートが大陸プレートの下への潜り込みによってできる海溝があるのは，環太平洋地震帯の中で北米，カナダを除く全地域である．欧亜地震帯のうち，ユーラシア大陸を除く海洋部の地震帯は海溝上を走っており，プレートテクトニクスで説明することができる．しかし，ユーラシア大陸内部では観測資料の不足，問題の複雑さなどのため，プレートテクトニクスで完全に説明できるまでに至っていない．

図 1.14 に示す二つの異なる海嶺（A，A'）から生まれたプレートは，A より左側，A' より右側では移動速度が違っても同一方向に進むが，AA' 区間では逆方向へ進み，大きなずれ断層を生じる．ツヅー・ウィルソン（カナダ）は，AA' 区間に生じる断層を**トランスフォーム断層**と名付けた．代表的なものにはカリフォルニア州付近のサンアンドレアス（San Andreas）断層がある．

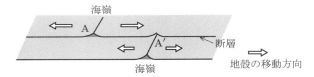

図 1.14　トランスフォーム断層

1.6　日本は地震国

日本列島は環太平洋地震帯の中に位置しており，日本は地震の多発国である．前述したように，日本で発生する地震はプレートテクトニクスで説明することができる．太平洋岸では海洋プレートが大陸プレートの下へ潜り込むのが原因であり，内陸，日本海側では，発生メカニズムの詳細な解明はなされていないが，以下のように考えることができる．大陸プレートは海洋プレートが潜り込む際に水平圧縮力を受け，この圧縮力によって地殻が破壊され，地震が発生する（図 1.13 参照）．また，破壊された地殻は弱くなっていて，海洋プレートから受ける圧縮力が小さくても地殻内に多くの亀裂を生じ，この亀裂によって日本列島内陸部，日本海側に地震が発生する．

図 1.15 は，過去 130 年間に日本付近で発生したマグニチュード 6 以上の地震の震央（第 2 章で後述）をプロットしたものである．これを見ると，北海道襟裳岬付近の太平洋，三陸海岸沖，関東地方から伊豆半島までの太平洋岸に震央が密集している．しかし，日本国内ではいたる所に震央があり，頻度の差はあるが，すべての地域が地震の起こる可能性をもっている．マグニチュード 8 クラスの地震のほとんどは太平洋の中で発生し，もっぱら日本海溝付近で起こっている．北海道から東北日本では震央が陸から離れており，地震によって津波の発生する危険性が高いために津波による被

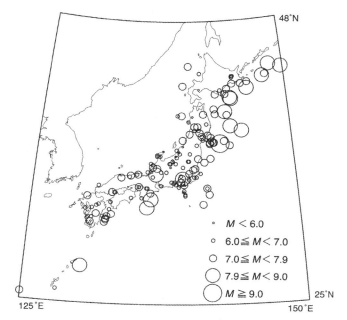

図 1.15　日本付近のおもな被害地震の震央(1885 年以降)
(出典：国立天文台編，理科年表 平成 26 年，p.756[4])

害が大きい．これに対して，西南日本では震央が陸に近いため，地震による直接被害が大きい．また，日本国内の断層では，1891 年 10 月 28 日濃尾地震によって生じた根尾谷断層(長さ約 80 km)が有名である．

演習問題

1. 地震によって発生する断層の種類を図に描いて説明せよ．
2. 地球内部構造の概略図を示せ．また，地震はその構造図のどこで起こる現象か．
3. 地殻が移動する理由を説明せよ．
4. 海嶺と海溝の違いを説明せよ．
5. 地球の地殻はいくつかのプレートに分かれているが，そのプレートの名称を五つ記せ．
6. プレートテクトニクスとは何か．説明せよ．
7. 日本で発生する地震のマグニチュードは，太平洋岸では大きく，日本海側では小さい．その理由を記せ．
8. 地球上には二つの地震多発地帯がある．この名称を記し，その地帯に含まれる地域の名称を五つ記せ．

第2章
地震の強さ

マグニチュード，震度，地震波から定量的に調べる

　地震発生の報道には，マグニチュード7.6，震源は点Aの地下 Y [km]，あるいは点B震度3，点C震度4，といった言葉が使われている．また，地震時にわれわれが体で感じる地表面の動き（地震動）は，地震計によって観測することができるが，地震動の振幅や周期などの特性は，規模，震源距離，伝播する地殻の性質によって変化することが知られている．この章では，地震の位置と地震の強さ，力を伝達する地震波の種類とその伝播速度，地殻の種類と観測される波の性質について考える．

2.1 地震の位置表現

　地震は地殻やマントルの上部，すなわち地下数十〜数百kmの地点で起こっている．この地点を**震源**とよび，これを地上に移した点を**震央**，震央から震源までの深さを**震源深さ**，震央から観測点までの距離を**震央距離**，震源から観測点までの直線距離を**震源距離**とよんでいる（図2.1）．

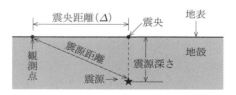

図 2.1　地震の位置

2.2 マグニチュードとは

　地震の強さを表す尺度としてよく耳にする**マグニチュード**は，地震の大きさ（規模）を数量的に等級づけるために考案された量である．1935年，リヒター（C.F. Richter）は地震の規模を計る一案として「器械による地震のマグニチュードスケール」という論文を発表した．リヒターは，「震央距離100 kmの場所に置かれた標準地震計（周期0.8秒，減衰定数0.8，倍率2800倍）に記録される最大変位記録をマイクロメートル単位（$1\ \mu m = 1 \times 10^{-6}$ m）で読み取り，常用対数で表した値をマグニチュードの大きさ」

と定義した．たとえば，震央距離 100 km にある標準地震計が最大振幅 10 cm を記録した場合，これは 100 000 μm となり，$\log_{10} 100\,000 = 5$，この地震のマグニチュードは 5 となる．しかし，地震のたびに震央距離 100 km の所に標準地震計が設置されている可能性は少なく，また現在では，このような地震計は使用されていない．そこで，震央距離が Δ [km] の地点で観測された値を用いてマグニチュードを求める式が提案されている．気象庁では，日本付近の地震に対して次式を用いてマグニチュードを決めている．

$$M = \log_{10} A_m + 1.73 \log_{10} \Delta - 0.83 \tag{2.1}$$

ここに，A_m：震央距離 Δ [km] の地点での地震計の最大変位振幅 [μm] である．

式(2.1)では地震相互間の規模の比較は可能であるが，ほかの物理現象，たとえば火山の噴火と比較することができない．地震をほかの物理現象と比較するには，物理現象で測定された力やエネルギーを用いて地震の大きさを表せばよい．地震の際に放出される地震波のエネルギー E（単位：erg）とマグニチュード M の間には，次の関係式が成立することが明らかになっている．

$$\log_{10} E = 11.8 + 1.5M \tag{2.2}$$

たとえば，式(2.2)より

$$M = 1 \text{ のとき} \quad E_1 = 10^{13.3} \text{ erg}$$
$$M = 2 \text{ のとき} \quad E_2 = 10^{1.5} \times 10^{13.3} = 31.6 E_1$$
$$M = 3 \text{ のとき} \quad E_3 = 1000 E_1$$

となり，マグニチュードが 1 大きいと 31.6 倍，2 大きいと 1000 倍のエネルギーとなる．また，式(2.2)を用いて地震と火山噴火のエネルギーを比較してみる（図 2.2）．

① 関東地震では $M = 7.9$ であるから　$E = 10^{23.65} = 4467 \times 10^{20}$ erg
② 広島に投下された原爆　　　　　　　$E = 8 \times 10^{20}$ erg $= M6.1$
③ 浅間山の噴火エネルギー　　　　　　$E = 1 \times 10^{20}$ erg $= M5.5$

①②③を比べると，$M = 8$ クラスの地震のエネルギーの大きさがよくわかる．このエネルギーを地震が発生する前に取り出す方法があれば，膨大なエネルギーを得る

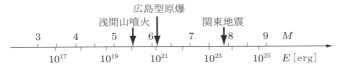

図 2.2　地震の大きさと放出エネルギー

14　第 2 章　地震の強さ

表 2.1　明治以降の主な大地震

地震名	年	月	M	特記事項
濃尾地震	1891	10	8.0	根尾谷断層，わが国の内陸地震として最大
関東地震	1923	9	7.9	地震後火災発生，死者・不明者約 105 000 人
東南海地震	1944	12	7.9	静岡・愛知・三重県下の被害大，各地に津波
南海地震	1946	12	8.0	南海トラフ地震，中部以西の日本各地に被害，房総半島から九州に至る海岸に津波
新潟地震	1964	6	7.5	地盤の液状化による被害大，石油タンク火災，日本海沿岸に津波
宮城県沖地震	1978	6	7.4	ライフラインの被害，造成地に被害集中
兵庫県南部地震	1995	1	7.3	直下型，家屋の倒壊と火災，野島断層
十勝沖地震	2003	9	8.0	石油タンク火災，津波発生
東北地方太平洋沖地震	2011	3	9.0	日本の地震観測史上最大．東北地方太平洋沿岸部への巨大津波で甚大な被害．福島第一原子力発電所事故を招く
熊本地震	2016	4	7.3	前震，本震で最大震度 7 の揺れ．大規模な土や斜面崩壊により，インフラに大きな被害

(注)ライフライン：ガス管，上下水道など生活(生命)に直結する施設

ことができる．表 2.1 に，日本で起こった $M7 \sim M9$ クラスのうち，明治以降の主な地震をあげておく．

2.3　感覚による地震の大きさの判定と震度計

　ある場所の地震動の激しさは尺度に**震度**を用いて表している．一つの地震について考えれば，観測点が震央から遠ざかるほど，震度は小さくなる．しかし，マグニチュードは地震そのものの大きさを表すエネルギーに関係する量であり，観測場所に関係なく一定である．

　日本で用いられている震度には，1996 年に気象庁が決めた 10 階級の**震度階級**(表 2.2)がある．欧米では，1931 年につくられた 12 階級改正メルカリ震度階級が用いられている．元来，震度階級は観測者が感じた感覚によって，地震動の強さを表そうとする尺度であり，地震動が人体に与える影響は観測者の建物の中での位置，建物の場所，震源からの距離，地震の大きさによっても異なるのである．さらに，観測者の主観であるため，そのときの健康状態，精神状態にも大きく左右される恐れがある．したがって，過去に用いられていた震度階級による表現ははなはだ不確定な要素を含んだ表現方法であったが，現在では震度計で観測された計測震度が用いられるようになり，不確定な要素が少なくなった．計測震度は加速度波形から計算され，加速度の大

2.3 感覚による地震の大きさの判定と震度計　**15**

表2.2　気象庁震度階級(1996年制定)(出典：気象庁 Web サイト)

震度階級	人の体感・行動	屋内の状況	屋外の状況
0	人は揺れを感じないが，地震計には記録される．	−	−
1	屋内で静かにしている人の中には，揺れをわずかに感じる人がいる．	−	−
2	屋内で静かにしている人の大半が，揺れを感じる．眠っている人の中には，目を覚ます人もいる．	電灯などのつり下げ物が，わずかに揺れる．	−
3	屋内にいる人のほとんどが，揺れを感じる．歩いている人の中には，揺れを感じる人もいる．眠っている人の大半が，目を覚ます．	棚にある食器類が音を立てることがある．	電線が少し揺れる．
4	ほとんどの人が驚く．歩いている人のほとんどが，揺れを感じる．眠っている人のほとんどが，目を覚ます．	電灯などのつり下げ物は大きく揺れ，棚にある食器類は音を立てる．座りの悪い置物が，倒れることがある．	電線が大きく揺れる．自動車を運転していて，揺れに気付く人がいる．
5弱	大半の人が，恐怖を覚え，物につかまりたいと感じる．	電灯などのつり下げ物は激しく揺れ，棚にある食器類，書棚の本が落ちることがある．座りの悪い置物の大半が倒れる．固定していない家具が移動することがあり，不安定なものは倒れることがある．	まれに窓ガラスが割れて落ちることがある．電柱が揺れるのがわかる．道路に被害が生じることがある．
5強	大半の人が，物につかまらないと歩くことが難しいなど，行動に支障を感じる．	棚にある食器類や書棚の本で，落ちるものが多くなる．テレビが台から落ちることがある．固定していない家具が倒れることがある．	窓ガラスが割れて落ちることがある．補強されていないブロック塀が崩れることがある．据付けが不十分な自動販売機が倒れることがある．自動車の運転が困難となり，停止する車もある．
6弱	立っていることが困難になる．	固定していない家具の大半が移動し，倒れるものもある．ドアが開かなくなることがある．	壁のタイルや窓ガラスが破損，落下することがある．
6強	立っていることができず，はわないと動くことができない．揺れにほんろうされ，動くこともできず，飛ばされることもある．	固定していない家具のほとんどが移動し，倒れるものが多くなる．	壁のタイルや窓ガラスが破損，落下する建物が多くなる．補強されていないブロック塀のほとんどが崩れる．
7		固定していない家具のほとんどが移動したり倒れたりし，飛ぶこともある．	壁のタイルや窓ガラスが破損，落下する建物がさらに多くなる．補強されているブロック塀も破損するものがある．

きさのほかに揺れの周期や継続時間が関係するため，最大加速度を示す場所の震度が最大震度になるとは限らない．

2.4 地震波の種類を知る

　地震によって生じた衝撃力が地殻を伝わるとき，その力は周囲の地殻を圧縮したり，引張ったりして伝わる．そのとき，地殻はひずみを生じるが，その大きさは地殻を構成している岩石や土が破壊しない弾性範囲内（ひずみ $\varepsilon = 10^{-4}$ 以下）の状態で伝わっていく．この状態では地殻は**フックの法則**（Hooke's law）に従い，応力はひずみに比例する．このような伝わり方をする地震波を**弾性波**（elastic wave）という．弾性波には，地殻内を伝播する**実体波**（body wave）と，地表面に到達した弾性波が地表面を伝わる**表面波**（surface wave）がある（図 2.3）．

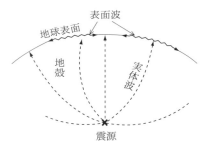

図 2.3　弾性波

（1）実体波

　弾性体の変形には，圧縮や引張りのような軸方向の変形（ひずみ）（図 2.4 (a)）と曲げ変形（図 (b)）とがある．地殻内を伝播する実体波にも，この二つの変形による伝わり方がある．直方体をモデルとして図 2.5 に伝わり方を図示している．軸方向に伝わる波は**縦波**あるいは**粗密波**とよばれており，図 2.5 (a) のような伝わり方をする．図でわかるようにこの波は波の進行方向へ桝目の粗密状態が伝わっていく．波が地殻内を伝わるときは地殻が伸縮し，そこでは部分的に地殻の体積変化が生じる．縦波の一

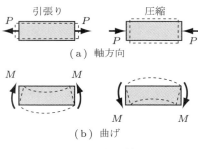

図 2.4　弾性の種類

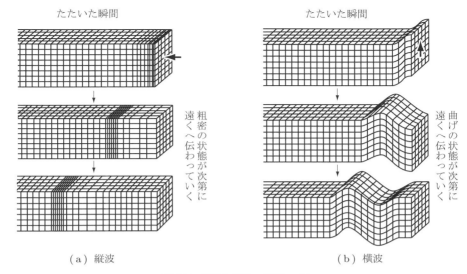

(a) 縦波　　　　(b) 横波

図 2.5　縦波と横波の伝播モデル

つに音があり，医者は聴診器内を伝わる縦波を聞いて健康状態を判断している．曲げにより伝わる波は**横波**とよばれ，図 2.5 (b) のように直方体を上下方向（あるいは横，斜め方向）に曲げながら伝わっていく．これはちょうどロープの一端を留め，他端を上下方向（あるいは水平方向）にたたいたとき，ロープ上を波が伝わっていく状態と同じである．この曲げ変形は，地殻内の伝播に対して体積変化を生じない．ここでは，図 2.5 に示す伝播時の縦波と横波の変形を感覚的に理解してほしい．

この実体波の伝播する速度は縦波のほうが横波よりも早く，震源が地殻内にある場合，地表面には縦波が最初に伝わり，次に横波が伝わる．このことから，縦波は最初に到達するという意味で **P 波**（primary wave）とよばれ，横波は次に到達するという意味で **S 波**（secondary wave）とよばれている．また，P 波が到着してから S 波が到着するまでの震動は**初期微動**とよばれ，S 波が到着した以降の震動は**主要動**とよばれている．縦波は速度が速いために振幅は小さく，横波は速度が遅く，振幅が大きい（2.8 節参照）．図 2.6 に，地震波の記録（地震記象）の一例を示している．

弾性学によれば，縦波，横波の伝播速度 V_P，V_S は次式で与えられる．

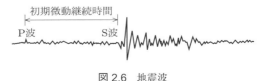

図 2.6　地震波

18　第2章　地震の強さ

$$V_P = \sqrt{\frac{E(1-\nu)}{\rho(1+\nu)(1-2\nu)}} \tag{2.3}$$

$$V_S = \sqrt{\frac{E}{2\rho(1+\nu)}} \tag{2.4}$$

ここに，E：地殻のヤング率，ρ：地殻の単位体積あたりの質量，ν：ポアソン比，である．ここでは式(2.3)，(2.4)の誘導を知る必要はないが，伝播速度がどのような量に関係するかを理解する必要がある．岩盤では $\nu \fallingdotseq 0.25$ となり，

$$V_P = \sqrt{3}\,V_S \tag{2.5}$$

という関係がある．地殻上部では，P波速度 V_P が 6 km/s 程度，S波速度 V_S が 3.5 km/s 程度である．縦波，横波の伝播速度を計測することができれば，式(2.3)，(2.4)中の E，ν を知ることが可能である．これは，地下構造の決定方法の一つである弾性波探査法に利用されている．

（2）　初期微動継続時間の利用

図 2.6 の地震振動波形より，地震被害の要因はP波ではなく大きい振動のS波であることがわかる．P波の速度が速いのでS波より早く到達する．この速度差によるものが初期微動継続時間 t である．これは，震央距離を Δ で表すと，

$$t = \Delta\left(\frac{1}{V_S} - \frac{1}{V_P}\right) \tag{2.6}$$

により求められる．この式より初期微動継続時間は震央距離に比例していることを考えると，最初に初期微動を感じてから大きな主要動を感じるまでの時間より，震源の位置の遠近を感覚的に判断することが可能であることがわかる．

この初期微動の継続時間中に，身の安全を確保したり，走行中の列車速度を減速させたりするなどの安全対策をとることができる．

（3）　表面波

表面波には，縦波（P波）と横波（S波）のうち地表面を上下方向に振動しながら伝わる垂直波（SV波）から導かれる**レイリー波**と，横波のうち地表面の水平方向に振動しながら伝わる水平波（SH波）から導かれる**ラブ波**がある．これらの波は複雑であるので，図 2.5 のようなモデル的説明は難しく，この種の波があることだけを知っておけばよい．前者は，1885 年イギリスの物理学者レイリー（Lord Rayleigh）によって，その存在が明らかにされた．伝播速度 V_R は $\nu = 0.25$ のとき，

$$V_R = 0.92 V_S \tag{2.7}$$

となる．以上に述べた波の伝わる速さは下記の順である．

$$P 波 > S 波 > レイリー波$$

2.5 地震波の大きさの表現法

耐震工学上必要となる地震波の特性は，**最大振幅**，**周期**と地震動の**継続時間**である．一般に，震度は震央距離に比例して減少し，地震の規模に正比例する．したがって，地震動の最大振幅，マグニチュード，震央距離の間に関係があると考えられる．日本では，震源が 60 km より浅い地震に対して式(2.1)の

$$\log_{10} A_m = M - 1.73 \log_{10} \Delta + 0.83 \tag{2.8}$$

を与えている．ここに，A_m：最大変位振幅 [μm]，M：マグニチュード，Δ：震央距離($\Delta < 600$ km)である．また，最大変位振幅を与える周期は，地震の規模(マグニチュード)に比例して長くなることが知られている．その関係は一般に，

$$\log_{10} T_m = -\alpha + \beta M \tag{2.9}$$

ここに，T_m：最大変位振幅の波の周期 [s] が与えられているが，係数 α，β のとり方には諸説がある．α，β は地殻や表面地盤の厚さ・硬さによって値が異なる．米国のシード(H.B. Seed)らは，表層の下の基盤に到達する地震波の特性(最大加速度，卓越周期)は震央距離 Δ とマグニチュード M によってほぼ一義的に決まると考え，多くの研究者の研究成果をまとめて，図 2.7, 2.8 をつくった．この図から，震央距離

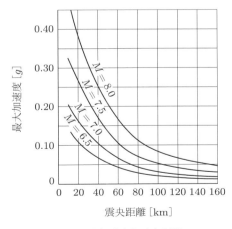

図 2.7 地盤の最大加速度と震央距離
(Seed による)(出典：大原資生，最新耐震工学(第 5 版)，p.17[6])

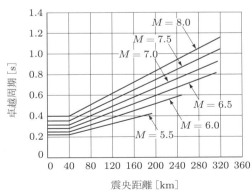

図 2.8 地盤の卓越周期と震央距離
(Seed による)(出典：大原資生，最新耐震工学(第 5 版)，p.17[6])

20　第 2 章　地震の強さ

と最大加速度は反比例し，震央距離と卓越周期は正比例することが読み取れる．マグニチュードが大きくなれば直線部の勾配が大きくなり，比例定数は大きくなる．ただし，これは米国の結果であり，地盤の異なる日本でそのまま成立するとは限らない．

　地震動の継続時間については，初期微動から地震動の完了するまでの時間を T_u [s]，震央距離を Δ [km] とすると，マグニチュード M との間には次の関係式の成立することが明らかにされている．

$$M = \gamma \log_{10} T_u + \eta \log_{10} \Delta + \xi \tag{2.10}$$

係数 γ (> 0)，η (> 0)，ξ のとり方には諸説があるが，式(2.10)によれば，M が大きいほど地震動の継続時間は長いということになる．

2.6　卓越周期とは何か

　震源が同じ地震を各地で記録した場合，各地点で得られる地震波は必ずしも同じ波形とはならず，各地点で特定の振動数を多く含むことが知られている．これは震源からの地震波が地殻を通過する際，その地層固有の振動を励起するからである．したがって，得られる記録波は各地域の地層の種類によって異なる．この固有の振動の周期を地層の**固有周期**(natural period)とよび，この値は地震災害の大小に関係する主要な値である．岩盤や堅固な洪積地盤上では短い固有周期の波が多く検出され，軟弱な沖積層の地盤上では長い固有周期の波が多く検出される．地盤の種類によって検出される波の固有周期が異なるが，同じ種類の地盤では同じような固有周期の波が多く検出される．

　このように，地震波の中に卓越して多く存在する固有周期を**卓越周期**(predominant period)，対応する振動数をその地盤の**卓越振動数**(predominant frequency)とよんでいる．表 2.3 に，地盤の種類と卓越周期を記している．振動理論(第 II 編で後述)で考えると，地盤の上に立つ建築物や橋などの構造物の固有振動数(natural frequency)(式(6.15)参照)が地盤の卓越振動数と一致すれば共振(8.3 節参照)を起こし(一致しなくても近ければ共振に近い状態になる)，構造物の被害は大きくなる．この一例として，関東地震時の地域による家屋と土蔵の被害の差異があげられる．図 2.9 によれ

表 2.3　地盤の卓越周期

地盤	卓越周期 [s]
岩盤	0.1 以下
洪積層	0.2〜0.3
沖積層	0.4〜0.5
埋立地	0.6〜0.8

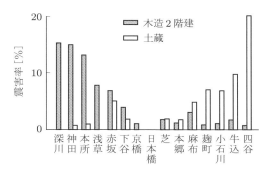

図 2.9 関東地震の家屋と土蔵の倒壊率の差(斎田氏による)
(出典：大原資生，最新耐震工学(第 5 版)，p.62[6])

ば，深川，神田，本所などの下町では木造家屋の倒壊が多く，四谷，牛込などの山手では土蔵の倒壊が多い．木造家屋の固有周期は 0.4〜0.7 秒，土蔵は 0.2〜0.3 秒である．下町の卓越周期が 0.6 秒，山手の卓越周期が 0.3 秒である．すなわち，地盤の卓越振動数に共振した建物が壊れているのである．

近年，この種の共振による破壊に対する対策法がいくつか開発され，重要な構造物に取り付けられている(付録 A.5 参照)．

2.7 卓越振動の選別

図 2.6 に示す非常に複雑な地震波から，卓越振動の波形を選別することを考える．その準備段階として，図 2.10 (a)(b) に示す異なった振動数と振幅をもつ 2 個の単振動の波形を考える．

図 (a) で，周期 τ_1 の周期ごとに取り出された振幅は一定である．この振幅はこの周期で繰り返しても一定であるから，その平均値は一定になる．

図 (b) で，周期 τ_2 の周期ごとに取り出された振幅は一定であるが，この周期と異なる間隔 τ での振幅は正になったり負になったりとなるので，その平均値は次第に減少し零に近付く．この二つの差を手がかりに，図 (a) と図 (b) とを合成した図 (c) より，図 (a) の振動数の成分を選別することを考える．

図 (c) で，ある任意の時刻 τ_0 より任意に細かく分割した $\Delta\tau$ ごとの振幅を求める．任意の分割であるから一般には $\Delta\tau = \tau_1$ とはならないが，$\Delta\tau$ の時間間隔を変化させて $\Delta\tau = \tau_1$ となったときには，その平均値は図 (a) の成分のみが残り，図 (b) の成分は消える．また，このとき求められた振幅は図 (a) に示す振幅であるから最大振幅ではない．今度は最初の τ_0 の時刻をずらしながら同じ手順を繰り返せば，卓越振動の最大振幅を求めることができる．また，$\Delta\tau = \tau_1$ より周期 τ_1 に対応する振動数を決

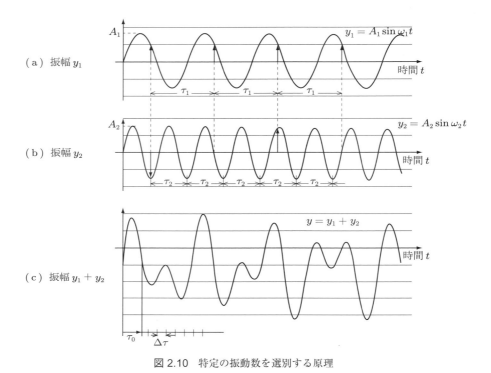

図 2.10　特定の振動数を選別する原理

定できる．

　この計算はかなり面倒と思われるかもしれないが，地震波をデジタル化してコンピュータに記録すれば，それほど難しいことではない．

　地震波には多くの振動数成分が含まれているが，この選別法ではすべての各成分の分離が可能である．このようにして求められた地震波中の各成分の大きさを使用して，各卓越振動数の振幅と振動数の分布関係を示すことができる．

2.8　振動振幅は何によって決まるのか

（1）震源からの距離

　震源から送り出された地震波は，震源から遠ざかるに従って波面が大きくなる（図2.11 参照）．波面 A と B を比較すると波面は A より B のほうが大きい．それゆえ，波面 A より波面 B に移る間にエネルギーの損失がないとしても，単位面積あたりの地震波のエネルギーは面 B が面 A より小である．波のエネルギーは波の振幅の自乗に比例する．したがって，震源からの距離が長くなるほど地震波の振幅は小さくなる．

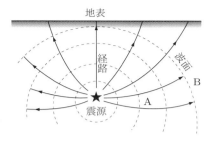

図 2.11 地震波の進む経路

さらに，伝播する地殻内部の粘性・摩擦によってエネルギーが消費され，伝播するに従って振幅は小さくなる．このことより，一般に地震波を観測する地点が震源から離れているほど振動振幅は小さい．

（2） 地盤の硬さ

■**地盤の硬さは地震波の振幅・振動数を変化させる**　1 周期の間に波が進む距離（波長）は伝播速度が大きいほど長い．ところが，1 波長の中に含まれるエネルギーは一定であるから，波長が長くなれば振幅は小さくなり，波長が短くなれば振幅は大きくなる．つまり，地震波の伝播速度は地盤の硬さ（ヤング率 E）によって変化する（式(2.3)，(2.4)）ので，地震波が伝播速度の大きい硬い地盤から伝播速度の小さい軟らかい地盤に進むと，振動振幅が大きくなるのである（図 2.12）．このことから，地表近くの軟らかい地層や沖積層のような新しい堆積地盤では急に振幅が大きくなる．1985 年のメキシコ地震でメキシコシティが大きな被害をこうむったのは，硬い地盤から軟らかい地盤へ地震波が伝わったときに地震波の振幅が増幅されたためである（図 2.13）．

このほかに，地盤の硬さは地震波の振動数も変化させる．たとえば，軟らかい地盤

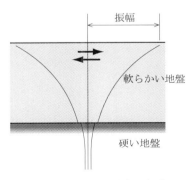

図 2.12 軟らかい地盤の振動

図 2.13 メキシコシティの地盤断面

24   第 2 章　地震の強さ

で伝播速度が遅いということは，その振動振幅の変化も遅くなり，これは振動数が減少することを意味する．

　地表に軟弱な地盤があると，振幅が増幅され，振幅数が小さくなる．また，下から伝わった地震波が地表で反射して，その反射波と下から来る波が重なり合って振幅が増大することもある．

演習問題

1.　地震の強さ，大きさを比較するのに震度階級，マグニチュードの二つがあるが，どのような違いがあるのか．比較して述べよ．

2.　震央，震源，観測点，震央距離の関係を図に描いて説明せよ．

3.　20 世紀以降に日本で起こった地震のうち，マグニチュード 7.0 以上の地震を三つ記せ．

4.　地震波の実体波には縦波と横波があるが，その違いを説明せよ．

5.　地震波の特性とは何か．三つあげよ．

6.　カリフォルニア大学のシードらは，地震波の震央距離と加速度，卓越周期の間にどのような関係があることを見つけだしたのか．また，マグニチュードはこれらにどのように関係するのか．

7.　下記の①〜④の地盤の一般的な卓越周期を記せ．
　　① 岩盤　　② 洪積層　　③ 沖積層　　④ 埋立地

8.　地震波の振幅は地盤の硬さによってどのように変化するか．簡単に記せ．また，なぜそうなるのか，理由も記せ．

9.　地盤の硬さと震害の一般的な関係について述べよ．

第3章
地震による被害

直接被害と，火災や津波を含む二次災害を概観する

　この章では地震による被害（震害）について述べる．大きな被害を伴う地震の強さは気象庁震度階級で5弱以上，加速度で100 Gal* 以上と考えてよい．マグニチュードは地域の震害に直接関係がない．なぜなら，マグニチュードが大きくてもその地域が震源から離れていれば被害は小さいし，マグニチュードが小さくても震源に近ければ被害は大きくなる可能性がある．反対に，震度階級はその場所の直接の揺れの大きさをもとにして決められており，被害と直接関係がある．震害には，地震の揺れによって損傷や破壊などの被害を受ける**直接被害**と，地震の揺れが原因となって生じる現象（たとえば，津波や火災）のために被害を受ける**二次災害**がある．

3.1　直接被害には何があるのか

（1）盛り土
　土木構造物の中で最も被害を受けやすいものは築堤，すなわち盛り土をしてつくった構造物である．この中には道路，鉄道，河川の堤防などがある．盛り土をしてつくった構造物は土の粘着力が弱く，揺れによる変形に応じきれなくなり，損傷をこうむる．盛り土の震害パターンを図3.1に示している．

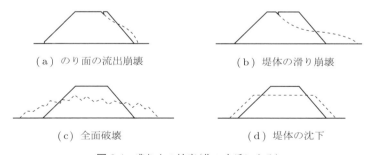

(a) のり面の流出崩壊　　　　(b) 堤体の滑り崩壊

(c) 全面破壊　　　　　　　(d) 堤体の沈下

図3.1　盛り土の被害（佐々木氏による）

---

* Gal は加速度の単位．1 Gal = 1 cm/s^2，1 g = 980 Gal．

(2) 橋梁下部構造

橋台，橋脚などの橋梁下部構造の被害には橋脚の破損，亀裂の発生，橋桁の水平移動による橋台上のシュー(支承)の破損などがある(図3.2)．

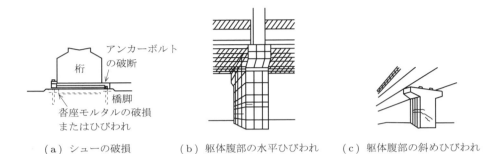

図3.2 橋梁の被害(土木学会誌，1978年12月号)

(3) 橋梁上部構造

橋桁の大きな震害は桁の落下(図3.3)で，これは橋にとって致命的な損傷である．桁が落下する原因は，橋脚や橋台の地震による過度の移動が考えられる．過度の移動

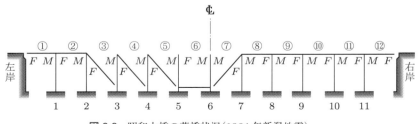

図3.3 昭和大橋の落橋状況(1964年新潟地震)
①〜⑫：桁，1〜11：橋脚，
F：水平変位拘束，M：水平変位自由

の原因となるものは，橋脚の折損，傾斜や沈下，土留め壁の損傷などがあげられる．そのほかに，橋脚の振動位相が 180°違うとき（逆位相）もこのようなことが起こる．位相が 180°違うと図 3.4 のような振動となり，橋脚の間の距離が長くなったり，短くなったりして落橋する．この震害は桁の水平移動によって起こる被害であるが，上下方向の振動による橋桁の被害は，スパン長の短い橋よりも慣性力の大きい長大橋に生じる可能性がある．

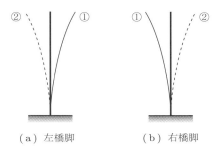

(a) 左橋脚　　　　(b) 右橋脚

図 3.4　逆位相の変形モデル
　　　同一番号は同じ時間での隣接橋脚の変形状態を示す

（4）地中構造物

　地下鉄のトンネル，ライフライン（ガス管，上下水道管のように，施設が破壊されれば日常生活に支障をきたすようなものをいう），地下道，沈埋トンネルなどの地中構造物は地上構造物に比べて震害が少ない．それは地中構造物が地盤とともに動き，地盤の動きに追随できることと，地中構造物は堅固な地盤中につくられるため，振幅が小さいからである．しかし，地盤の変位が大きくなり，構造物の変位が追随できなくなると被害が生じる．

　埋設管の場合は，曲げひずみより軸ひずみのほうが大きく，接合部の抜け出しが破壊につながる．ライフラインの埋設管は延長の長いものが多く，異質の地盤を通って連続して建設されるため，不等沈下や揺れの状態が地盤ごとに異なることによる食い違いが生じ，折損や切断の被害が起こる．被害は地盤のほかに，埋設深さによっても異なる．とくに，継ぎ手部分や地盤から地表に出る部分などの不連続部分に被害が出やすい．これは埋設管の受ける地震動が均一でないためである．

（5）トンネル

　トンネルの被害は，内部よりも主として坑口部の表土の崩壊が多い．地盤内の空洞はすべての方向から均等の力を受けてつり合っており，地震時に地盤が揺れても，空洞はつり合っている状態で揺れる．このため，空洞にとくに大きな力が作用すること

はない．むしろ，変形にトンネルが追随できるか否かが問題となる．1930年11月26日伊豆地震で生じた丹那断層は，トンネル内の途中断面でトンネル軸線に対して直角水平方向に 2.7 m の食い違いが生じたにもかかわらず，トンネルは崩れなかった．

(6) 港湾構造物

港湾構造物は軟弱な地盤上につくられている場合が多く，地震による被害が多い．ケーソン岸壁，ブロック岸壁のような重力式岸壁の滑り出しや沈下・傾斜，杭式岸壁の沈下・傾斜，石積護岸の崩壊などがある（図 3.5）．

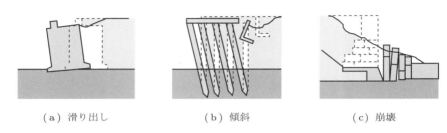

(a) 滑り出し　　　　(b) 傾斜　　　　(c) 崩壊

図 3.5　港湾構造物の震害例（大地羊三氏による）
破線は震害を受ける前の位置

(7) ダム

ダムは地盤の良好な岩盤地域につくられることが多く，震害の例は少ない．しかし，震害を受けて崩壊すれば，下流域に泥流が流れ出し，土石流となって被害を及ぼすことになる．わが国では幸いにも地震によって重力式ダム，アーチ式ダムのような大きなダムが破壊し，下流部に被害を与えた例はない．しかし，1967年12月11日インド西部地方で発生した $M6.5 \sim 7.0$ の地震では，重力式コンクリートタイプの Koyna ダム（高さ 103 m，堤長 853 m）が堤体に水平亀裂が入るという被害を受けた．フィルタイプのダムでは，1968年の十勝沖地震で高さ 8 m，長さ 200 m の灌漑用ダムが決壊し，田畑および鉄道に大きな被害を与えた．外国では高さ 9 m の Sheffield ダム，高さ 26 m の Hebgen ダムなど（いずれも米国），震害を受けた例がある．

(8) 鉄道

レールを支えている地盤の被害が多く見られ，盛り土の崩壊，沈下など，道路と同種のものが多い．レール自体の震害としては，軌道の移動と波状屈曲がある．波状屈曲とは，レールが軸力を受けて座屈したように S 字状に曲がる現象であるが，これも地盤の移動によって起こるものである．

3.2 二次災害には何があるのか

　地震が原因となって起こる火災，津波，山崩れ，化学物質の流出などによる被害は，二次災害とよばれており，直接被害より大きいこともある．

(1) 火災
　食事の仕度をしているときに地震が起こり，火元を消し忘れると，その上に壊れた家具や天井材などの可燃物が倒れ，火事になることがある．この火事が多くの場所で起こると温度分布状態が変わり，竜巻(火災旋風)を引き起こし，大惨事の原因になる．1923年9月1日に起こった関東地震では，火災と火災旋風のために死者・行方不明者が約14万人にのぼったといわれている．

(2) 津波
　津波とは，突然海岸に来襲して陸に押し上がり，人や家屋を流してしまうような大きな水の波のことであり，周期は数分から1時間くらいである．地震の震源が海底にあるときには必ず発生する．これは，図3.6に示すように地震により海底が持ち上がり，それとともに海面も上昇して津波が発生する．津波の波高は地震の規模，震央距離によっても異なるが，とくに湾形の影響を受ける．一般に，湾口の狭くなっている湾内では波高は低く，外洋へ向かってV字形に開いている湾では奥部になるほど，波高は高くなる．波高の高さは湾形に左右されるため，津波の来襲のたびに同じ場所が被害を受けることが多い．たとえば，日本では三陸沿岸，紀伊半島，四国の太平洋岸などである．2011年3月11日に発生した東北地方太平洋沖地震($M9.0$，日本の地震観測史上最大)では，北海道から関東地方にかけての太平洋沿岸部へ巨大津波が来襲し，甚大な被害が生じた．

　津波の伝播速度 V は，波の波長 L，水深 h の二つで決まり，とくに水深 h に比べて波長が数十倍以上になると，次式となる．

$$V = \sqrt{gh} \tag{3.1}$$

ここに，g は重力加速度である．たとえば，海の深さが6000 m のところでは，津波

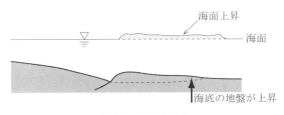

図 3.6　津波の発生

の伝播速度 V は 242 m/s ＝ 873 km/h となる．このように，津波の速度は深い所ほど速く，浅くなるにつれ遅くなる．また，波の速度 V と振動数 f の関係式は，

$$V = fL \tag{3.2}$$

と表され，波の速度が速いと波の波長が長く，逆に遅いと波長が短くなる．エネルギーの面から考えると，速度が遅くなれば波高は高くなり，速くなれば波高は低くなる（2.8 節(2)の地盤と対比して考えよ）．エネルギーの消費がないと考えるならば，波が海岸へ近付くにつれ，波の速度は遅くなり波高は高くなる．

　しかし，実際には上記のほかに海底の摩擦によるエネルギー損失，岸での反射，水深による波面（波の進行方向）の変化，波のエネルギーが水深の浅いほうへ集められる屈折効果などによって，海岸での津波の高さは影響を受ける．たとえば，太平洋の真ん中で地震による波の高さが 2〜3 m，波長が 50〜100 km（周期十数分）のときには，海上では水面は平らであり，異常は認められないが，外洋に面した開けた海岸近くで水深が浅くなると，速度は遅く，波長も短くなり，海岸での波の高さが 10〜18 m になる場合もある．1960 年のチリ地震（M8.3）では，太平洋を越えて日本で最大 6 m の津波を記録した．また，2011 年の東北地方太平洋沖地震では，最大 40.1 m（大船渡市綾里湾での推定）の津波が記録されている．地震発生から数時間以内は絶対に海岸に近付かず，高い所に避難しなければならない．津波は第 2 波，第 3 波と繰り返して来襲することにも注意が必要である．

（3）　山崩れ

　国土の 8 割が山地で占められている日本では山崩れ，地滑りなどの地震に伴う地形の変化は，ないがしろにできない自然現象の一つである．山腹の一部が滑り落ちたり，山崩れのように山全体が崩落したりする場合がある．このとき，崩落した土砂が付近一帯を埋め尽くすだけでなく，土砂が土石流となって速い速度で谷間を津波のように流下し（山津波），下流域を土石で埋め尽くして大きな被害を及ぼすことがある．山崩れによる被害の大きかった地震には，長野市付近に震源をもつ善光寺地震（1847 年 5 月 8 日）がある．この地震では，震源地付近一帯に多く（1000 箇所単位）の山崩れ，地滑りが発生し，多くの死者が出ている．このとき，虚空蔵山の山崩れによる土が近くを流れる犀川を堰止め，後日，その堰の決壊によって大惨事が生じたと記録にある．地震時の山崩れは，豪雨によって土の含水比が高くなったときに生じやすく，この例には 1984 年 9 月 14 日に起こった長野県西部地震（M6.8）がある．震源は王滝村で，軟弱地盤に多雨と地震が重なって山崩れを併発した．土石流が発生し，下流域に多くの被害をもたらした．

（4） 化学物質の流出

　地震や津波によってもたらされる被害の一つに化学物質の流出があり，石油・放射能汚染の被害が報告されている．

　日本の石油備蓄基地は埋め立て地につくられている．埋め立て地のような軟弱地盤では地震波に含まれる長周期成分が減衰せずに，いつまでも地盤内に残り，石油タンク内の石油にスロッシング*を発生させる．2003 年の十勝沖地震（$M8.0$）では，震源地から 200 km 以上離れた苫小牧の石油備蓄基地において，大型のタンク 7 基で浮き屋根が大破ないし沈没している．そのうちの 2 基では火災事故が地震発生から 1 日後，2 日後に発生しており，重大事故につながる恐れがあった．また，原子力発電所では冷却に多量の水を使用する関係から，その多くが海の近くに建設されており，津波による被害を受けやすい．2011 年 3 月 11 日の東北地方太平洋沖地震では，福島県の福島第一原子力発電所が津波の被害を受けて原子炉が制御不能に陥り，放射性物質が付近の市町村に拡散した．

演習問題

1. 地震の被害には直接被害と二次災害がある．その違いについて簡単に説明せよ．

2. 地震の二次災害にはどのようなものがあるか．

---

* 容器内の液体が外部からの長周期振動によって動揺する現象をいう．容器の破損や内容液が溢れ出るなどの被害が問題である．

第Ⅱ編　振　動

　構造物が振動する原因は，第Ⅰ編で述べた地震のほかに，建物や橋に吹きつける風，橋や道路の上を走行する自動車荷重などもある．本編ではこれらによる構造物の動的応答を求めることを最終目的とするが，これ以外に振動現象の常識的事項をある程度理解しておく必要があるので，一般的な振動理論の基礎的事項も加えて解説する．

34

第4章
振動工学の役割

危険な共振の事例から学ぶ

　われわれが日常生活で経験する振動は，最初から振動発生を目的とした好ましいものと好ましくないものとに分類できる．地震による家屋の振動は好ましいものでなく，電気マッサージ器で生じる振動は好ましいものであることは明らかである．不幸なことに，われわれが日常生活で経験する地震のような自然発生的な振動の大部分は，好ましくない部類に属するといえる．この好ましくない振動に対しては，その振動対策を講じなければならないが，それには理論・実験の裏付けに基づいた工学的処置を必要とする．

　以下に，振動に対する配慮がなかった（当時の技術水準がそこまで達していなかった）ために生じた事故と，振動理論に基づけばどのような対策が可能となるかの具体的な例を述べる．これらにより，振動についての知識がいかに大切であるかを学ぶ.

4.1　興味深い振動現象

（1）　長大吊橋がわずか風速 19 m/s の風で落橋

　これは，1940 年 11 月 7 日に，米国ワシントン州のタコマ橋（中央支間 853 m の吊橋）が完成して 4 か月後に落橋した有名な事故である．タコマ橋と同程度の大きさの吊橋としては日本では関門橋（中央支間 712 m）がある．この吊橋が，風速 60 m/s の猛烈台風でなく，わずか 19 m/s の風によって落橋したことが問題である．当時，吊橋の空気力学的不安定性について予想されていなかったために，吊橋に異常な大きさのねじれ振動が生じて落橋したもので，現在では設計時に風洞実験によりその安定性が確かめられている．

（2）　大型船のエンジンとスクリューを結ぶシャフトの折損事故

　これは大正年間によく発生した事故で，詳細は機械学会誌（参考文献 [18]，p.51）を参照されたい．設計では，材料力学の理論に基づいて，シャフトに作用する静的トルクからシャフトの直径を決めているので，通常の状態では折れることは考えられない．シャフトの破損は，エンジンの回転振動によって，シャフトにねじり振動が発生し，設計時に考慮されなかった動的トルクがシャフトに作用したために破損したので

ある．これを機会に，機械振動学が急速に発達した．動的状態では静的状態の数百倍の力が作用することも考える必要がある(8.3 節参照)．

（3） 洗濯機などの回転機械の振動

振動を止めるつもりで基礎を硬くすると，かえって振動が大きくなることがある．これは振動理論から当然予想されうることで，この場合には当然，基礎を軟らかくすれば振動は止まるであろう．基礎を硬くしたほうがよいかどうかはその振動性状に左右されるが，振動に対する知識があれば的確な判断が可能となる．

（4） 指 1 本で釣鐘を動かす

大の男が力一杯押しても動かなかった釣鐘を，少年が指 1 本で何回も押して揺らすことができたという物語がある．これが事実であるかどうか疑わしいが，振動理論からはその可能性が十分にある(8.3 節参照)．

（5） 地震波による建物の共振

関東地震では地盤の硬さにより共振する建物が異なり，被害に差異が出た(図 2.9)．理由は，地盤の硬さによって地震波の卓越振動数が異なるからである(2.6 節参照)．

4.2　静特性と動特性は何を指すのか

構造物に同じ力を作用させても，時間をかけてゆっくりと静的に作用させたか，短時間で動的(＝振動的)に作用させたかで，その効果は数百倍も異なることがある．4.1 節で述べた事例でエンジンシャフトが折れたり，少年が釣鐘を指 1 本で動かすことができたのは，動的効果によるものである．たとえば，指 1 本で静的に出した 100 N の力(バケツ 1 杯の水を持ち上げる程度の力)が，動的効果として 300 倍拡大されたとすると，$100 \text{ N} \times 300$ 倍 $= 3 \times 10^4$ N という小型乗用車 3 台近くを持ち上げる力となる．

力の静的・動的の違いは，以上のように力の作用効果が大きく異なる以外に，動的な状態では力の作用方向と変位の方向が一致しないという問題も生じる．静的力が作用すると構造物の変位は力の作用する方向に生じるが，動的外力に対しては力の方向と変位の方向が逆になる場合もある．このように動的現象は，静的状態では考えられない興味深いものとなるが，その分，解析が複雑になることは避けられない．

4.3　なぜ構造物は揺れるのか

振動はある意味において往復運動ともいえる．質量をもつ物体に一定方向の力が作用すれば，その物体は力の作用する方向に運動を続けるはずである．往復運動の場合には静止(速度 ＝ 0)する瞬間があるので，その運動を止めようとする逆方向の力が必要となる．釣鐘の例では，少年の指は断続的であるが一方向へ押しているのに，釣鐘

36 第4章 振動工学の役割

が往復運動するのは，釣鐘に作用している重力が釣鐘の運動方向と逆方向の力となって動きを止めようとしているからである．

この逆向きの力を**復元力**とよべば，これが往復運動の一要因と考えられる．しかし，この復元力は静力学で学ぶことで，静的外力と復元力がつり合って静止していることは周知のことである．動的な場合には，このほかに質量に発生する慣性力がもう一つの振動の原因となる．物が動けば，ニュートンの第2法則による

$$（慣性力）＝（質量）\times（加速度）$$

で表される慣性力が生じ，この慣性力と上述の復元力とが干渉し合って振動（往復運動）を形成していると考えてよい．弾性体は，必ず質量をもち（質量のない物体はない），それ自身（質量）の動きによる慣性力と弾性変形による復元力を生じるので，振動問題は避けられない．この意味で，静力学のヤング率 E をもつ弾性材料よりできている橋，建物，自動車，飛行機などは必ず振動をする．このほかに，地盤（岩石など）も E をもっていて，これが振動すると地震となる．復元力としてはこのほかにせん断変形・ねじり変形などによるものを考える必要がある．

4.4 振動工学の適用範囲

振動に関するトラブルはかなり複雑な原因によるものが多いが，振動についての基礎的事項を熟知していれば，かなりの程度まで振動回避の予防的手段を講じることが可能である．また，万一，振動が発生しても的確な対策を立てることは可能である．しかし，いったん発生した振動に対し事後的措置をとるのは，予防的措置に比べて膨大な費用を必要とし，また周囲の事情により対策を実施するのが容易でないことも多い．前述（4.1節）のタコマ橋が仮に落橋しなかったとしても，防振対策を講じることは構造的な制限のためにかなり困難であっただろうと思われる．

原因・結果がはっきりしている場合は対策も立てやすいが，実際には構造物自体の力学モデルがはっきりしない場合も多い．たとえば，構造物の基礎部分が地盤とどのような力学モデルで連なっているかなど不明な点も多い．

コンピュータの発達した現在では，力学モデルが確立できればかなりの程度まで振動状態を計算することができるが，地震の大きさ・振動数成分など予測困難な要素も多いのが現実である．

演習問題

1. 質量とヤング率をもつ弾性材料で構築されている構造物に力が作用すると，構造物は振動する．その理由を記せ．

第5章
構造物の振動要素

すべての構造物をバネとして取り扱う

　構造物が揺れるのは，**質量**(mass)が動くことによる慣性力と弾性体の復元力が干渉し合うことによるものであることを 4.3 節で述べた．構造物はバネの組合せよりできていると考えてよい．その中の単体のバネは，基本となる要素である．はじめに，バネ定数 (spring constant) とよばれるバネの強さを表す定数について考えてみる．このほかに振動を減衰させる要素も考える必要があるが，これについては第 7 章で述べる．

5.1 バネ定数は強さ(剛性)を表す定数

　一般に，バネ k は図 5.1 に示すモデルで表し，これのバネ定数 k は次式により定義される (k は要素とバネ定数と両方の意味をもつ).

$$k = \frac{P}{y} \tag{5.1}$$

ここに，y は力 P によるバネの伸びであり，上式は次のようにも書ける．

$$P = ky \tag{5.2}$$

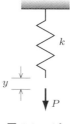

図 5.1　バネ

　バネ定数 k はバネの強さ(剛性，かたさ)を表す定数であり，式 (5.1) より，強いバネの k の値は大，弱いバネの k の値は小となる．

■**強さ(剛性)の表現法**　力学系では，強さが増す(剛性が大きくなる)につれて値が増えるような係数の定義がよくとられる．例：バネ定数，ヤング率，はりの曲げ剛性など．

5.2 構造体のバネ定数を求める

バネ定数 k は式(5.1)により，力 P を与えて伸び(変形) y がわかれば計算できるので，すべての弾性体にバネ定数を与えることが可能である．

例題 5.1 図5.2の棒(長さ l，断面積 A，ヤング率 E)の先端 B のバネ定数を求めよ．

解 力 P と伸び Δl の関係は

$$\Delta l = \frac{Pl}{AE} \tag{5.3}$$

より，バネ定数は次式となる．

$$k = \frac{P}{\Delta l} = \frac{AE}{l} \tag{5.4}$$

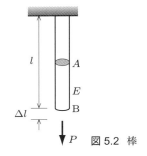

図 5.2 棒

例題 5.2 直径 1 mm，長さ 2 m の針金の一端を固定したとき，他端におけるバネ定数を求めよ．ただし，針金の材質は軟鋼で，ヤング率 $E = 206 \text{ kN/mm}^2$ とする．

解 式(5.4)により，

$$k = \frac{AE}{l} = \frac{\pi \times 0.5^2 \times 206 \times 1000}{2000} = 80.89 \text{ N/mm}$$

このように，力と伸び(= 変位)よりバネ定数を決める考え方をもとにすると，次の例題の構造体にもバネ定数的な考え方で対応できる．

例題 5.3 図5.3の片持ちばり(長さ l)の自由端 B のバネ定数を求めよ．ただし，はりの曲げ剛性を EI とする．

解 力 P が作用するときのはりの変位 y は，静力学的に求めると，

$$y = \frac{Pl^3}{3EI} \tag{5.5}$$

図 5.3 片持ちばり

となる．これよりバネ定数は次式となる．

$$k = \frac{P}{y} = \frac{3EI}{l^3} \tag{5.6}$$

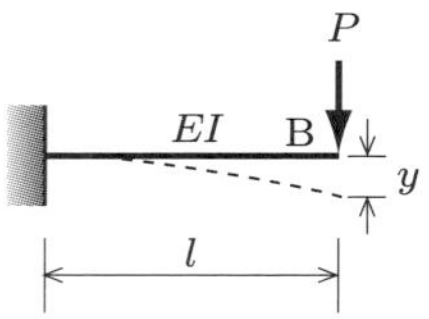

例題 5.4 図5.3の片持ちばりにおいて，断面が高さ $h = 3$ mm，幅 $b = 5$ cm の長方形で，長さ $l = 50$ cm のときの自由端のバネ定数 k を求めよ．ただし，ヤング率 $E = 206 \text{ kN/mm}^2$ とする．

解 構造力学によれば，長方形断面の断面 2 次モーメントは
$$I = \frac{bh^3}{12} \tag{5.7}$$
で求められる．
$$I = \frac{bh^3}{12} = \frac{5 \times 0.3^3}{12}$$
$$= 1.125 \times 10^{-2} \text{ cm}^4$$
$$k = \frac{3EI}{l^3}$$
$$= \frac{3 \times 206 \times 10^5 \times 1.125 \times 10^{-2}}{50^3}$$
$$= 5.562 \text{ N/cm}$$

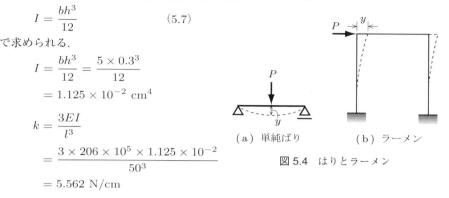

図 5.4　はりとラーメン

これより，図 5.4 のような構造物で力 P と変位 y の関係が求められれば，バネ定数 k が容易に得られることは理解できる．

5.3　構造物のモデル化

　構造物を解析するためには，その基礎式（運動方程式）が立てられるような簡単な力学モデルをつくる必要がある．この簡単化の過程では，無視できる要素は無視し，そうでない要素は取り扱いやすいように近似する．

　たとえば，図 5.5 (a) の 1 層ラーメン構造の場合，柱の質量を無視して，剛性だけをもつ柱とするか，または柱の質量の上半分を床の質量 m に付加して取り扱うという簡単な方法がとられている．柱の質量が無視できなければ，コンピュータを必要とする複雑な計算が必要である．一般に，柱の質量を無視しても，コンピュータを用いて求めた厳密な解と比べて数％程度の差が生じるくらいのもので，工学的には許容できる誤差と考えてよい．

　図 (b) のように簡単化すると，これに力 P を作用させたときの変位 y を静力学的に

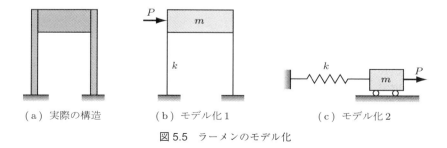

図 5.5　ラーメンのモデル化

40　第 5 章　構造物の振動要素

求めて，バネ定数 k が得られるので，この図 (b) は図 (c) のような簡単な力学モデルとなる．

演習問題

1. 図 5.2 の棒の先端に重り 1000 N を吊り下げたとき，棒は 1 cm 伸びた．この棒のバネ定数を求めよ．また，断面積 $A = 1\ \text{cm}^2$，ヤング率 $E = 206\ \text{kN/mm}^2$ とすると，この棒の長さはいくらか．

2. 図 5.3 の片持ちばりで，断面が直径 2 cm の円形断面，長さが $l = 1\ \text{m}$ のとき自由端のバネ定数 k を求めよ．ただし，ヤング率 $E = 206\ \text{kN/mm}^2$，円形断面の直径を D とすると，断面 2 次モーメントは $I = \pi D^4 / 64$ である．

3. 図 5.6 に示す単純ばりのスパン中央に作用する荷重 P と荷重作用点のたわみ y との関係を表す 1 質点バネモデルを図示し，バネ定数 k を求めよ．ただし，曲げ剛性 EI ははりの全スパンで一定とする．

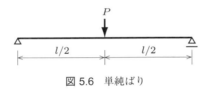

図 5.6　単純ばり

4. 図 5.7 のラーメンについて，水平方向力 P と水平変位 y の関係を表す 1 質点バネモデルを図示し，バネ定数 k を求めよ．ただし，( ) 内の値は剛度 $K =$ (部材の断面 2 次モーメント)/(部材長) を示している．また，部材角は R，部材のヤング率は E である．

5. 図 5.8 に示す並列バネと直列バネのバネ定数 k を求めよ．

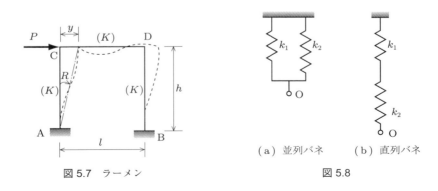

図 5.7　ラーメン　　　　　　　　　　　図 5.8
　　　　　　　　　　　　　　　　(a) 並列バネ　　(b) 直列バネ

第6章
1自由度系の自由振動

自由振動を理解して共振振動数を求める

　自然界の中には，力が作用しなくても勝手に振動する（または揺れる）物がある．た
とえば，地震の後，天井から吊り下げられた電灯がしばらく揺れて，ある時間が経つ
と止まるという現象はよく経験することである．このように，力が作用しなくても自
由に振動する現象を，**自由振動**（free vibration）という．

　自由振動している物に，力を作用させたらどのようなことが起こるのであろうか．
力のかけ方にもよるが，小さい力で構造物が簡単に破壊するという恐ろしい共振現象
が生じることもある．その意味で，ここに述べる1自由度系（自由度については付録
A.1参照）の自由振動は振動解析の基本的事項であり，ここで求められた事項は後に
もよく利用される．

　この章では，はじめに予備知識としてニュートン（Newton）の第2法則に若干の説
明を加えた後，自由振動の基礎式の誘導，解析について解説する．

6.1　振動の基本はニュートンの第2法則

　振動の問題は，まず運動方程式を立て，その解を求めるのが通常の手段である．こ
の運動方程式を立てる基礎となるのはニュートンの第2法則で，質量 m の物体に力
P が作用したとき，質量 m の変位を y とすると次式が成立する．

$$m\frac{d^2y}{dt^2} = P \tag{6.1}$$

（質量）×（加速度）＝（力）

■**法則とは**　　力学の分野における法則は，多くの経験・測定などから直観的に見つ
け出されたものであり，種々の問題に適用して矛盾が生じなければ正しいものとして
通用する（正しいことの証明はできない）．たとえば，ロケットエンジンの推力（式中
の P に相当）の調整にニュートンの第2法則を用いていることからも，式(6.1)の妥当
性がうかがえる．

■**補足説明**　　ニュートンの第2法則は式(6.1)で表せるが，この式の意味として次
のことを理解すべきである．「式(6.1)は，力 P の正の方向と物体の動き（変位 y，速

度 $\dot{y}$, 加速度 $\ddot{y}$) の正の方向とが同じ場合に成り立つ」. 力 P を受ける質量 m の物体が力の作用する方向に動くことは自明のことであり, 誰も力の作用方向と反対方向へ動くことは考えていない. したがって, わざわざこのことを断らなくてもよいが, 後にこのことをはっきりさせる必要が生じるのでこの説明を加える.

6.2 運動方程式を導く

図 6.1 (a) は, 自然長 l のバネに重量 W (重量は力学的に力の意味をもつ) の重りを吊り下げたとき, このバネが重力により y_s だけ伸びて静止した状態を示す. このとき, 重りが振動しないように手で静止させる. 式 (5.1) により, バネ定数を k とすると伸びは次式となる.

$$y_s = \frac{W}{k} \tag{6.2}$$

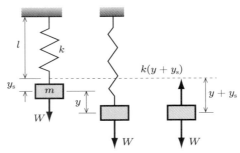

(a) 静的変位　(b) 自由振動　(c) 力のつり合い

図 6.1　1 自由度系

この静止している重りを手で引張って離せば, 重りは上下に自由振動する. このときの運動方程式を立ててみよう.

■**重量とは**　重量という言葉は日常時によく使用されるが, 力学的には力の意味をもつと考える. 重量 W は, 質量 m なる物体に重力加速度 g がはたらいて, $W = mg$ という力の意味である. 日常の言葉では 50 kg の重量というが, 正式には質量 50 kg というべきである.

一般に, 振動時の変位 y は, バネが y_s だけ伸びた状態を原点として測る (図 (b)). 自由振動において, ある任意の瞬間を考え, バネが y だけ伸びているとき, 質量 $m \, (= W/g)$ に作用する力を考える. この質量をバネから切り離し, これに作用する力を図 (c) に示した. この質量には下向きの重力 W のほかに, 伸びたバネがつねに自然長に戻ろうとして, この質量を引張りあげる力が作用する. その上向きの力の大

きさは，$y + y_s$ だけ伸びたバネの復元力 $k(y + y_s)$ である（式(5.2)参照）．いま，下向きに力と変位の正方向をとると，式(6.1)とその補足説明より

$$m\frac{d^2(y + y_s)}{dt^2} = m\frac{d^2y}{dt^2} = -k(y + y_s) + W \tag{6.3}$$
$$\qquad\qquad\qquad\qquad\downarrow\qquad\qquad\uparrow\qquad\quad\downarrow$$

となる．ここに，矢印は力の方向を示す（↓：＋の力，↑：－の力）．これに式(6.2)を用いると

$$m\frac{d^2y}{dt^2} = -ky \tag{6.4}$$

となる．この式の中には y_s と重力の加速度 g が含まれていないので，振動時にはこれらの影響を考えなくてよいことがわかる．

■力のつり合いより基礎式を立てることをよく理解する　この運動方程式(6.4)は，定数係数をもつ 2 階の微分方程式である．これを次のように書き換える*．

$$m\ddot{y} + ky = 0 \tag{6.5}$$

または，

$$\ddot{y} + \omega_n{}^2 y = 0 \tag{6.6}$$

$$\omega_n = \sqrt{\frac{k}{m}} \tag{6.7}$$

となり，この ω_n は**，振動系の自由振動の固有振動数を示す重要な値である（次節で後述）．

6.3　運動方程式を解く

式(6.6)は正攻法的な微分方程式の解法によるのが通常であるが，ここでは簡便な方法を考える．

質量 m は正の値，バネ定数 k も正の値である（k が負の値をもつことは，式(5.1)において作用する力と反対方向へ動くことであり，通常の弾性体ではありえない）．式(6.6)で $\ddot{y}$ と $\omega_n{}^2 y$ の和が零になるためには，どちらかが正でもう一つが負である必要がある．2 階微分で符号が変化する次の二つの調和関数，

$$y_1 = C\cos\omega_n t \tag{6.8a}$$

$$y_2 = D\sin\omega_n t \tag{6.8b}$$

---

* $\ddot{y}$ のように微分を ˙ で表現できるのは，時間 t に関する微分のみである．たとえば，変位 x に関する微分では使用できないことに注意する．
** ω はギリシャ文字でオメガと読む．

44　第6章　1自由度系の自由振動

を考え，ここに，C，D は任意の定数である．これらを式(6.6)に代入すると満足するので，次式が式(6.6)の一般解となる．

$$y = y_1 + y_2$$
$$= C \cos \omega_n t + D \sin \omega_n t \tag{6.9}$$

ここに，C，D は積分定数であり，これは初期条件から決定する．**2階の微分方程式は必ず2個の積分定数をもち，これは初期条件より決定する．**

例題 6.1　式(6.9)の積分定数を下記の初期条件のもとで決めて，質点(質量を一点に集中させたもの)の運動を求めよ．

初期条件 $t = 0$ において，変位 $y = y_0$，速度 $\dot{y} = v_0$

解　$t = 0$ の初期条件と $\cos 0 = 1$，$\sin 0 = 0$ を式(6.9)に代入すると，

$$y_0 = C$$

となる．式(6.9)を時間 t において微分すると，

$$\dot{y} = -C\omega_n \sin \omega_n t + D\omega_n \cos \omega_n t \tag{6.10}$$

これに，$t = 0$ の初期条件を代入すると，

$$v_0 = D\omega_n$$

となる．この C と D を式(6.9)に代入して，

$$y = y_0 \cos \omega_n t + \frac{v_0}{\omega_n} \sin \omega_n t \tag{6.11}$$

となる．この式は以下のようにも書ける(付録 A.2 参照)．

$$y = \sqrt{y_0{}^2 + \left(\frac{v_0}{\omega_n}\right)^2} \sin(\omega_n t + \alpha) \tag{6.12}$$

ここに，

$$\tan \alpha = \frac{y_0}{\left(\dfrac{v_0}{\omega_n}\right)} \tag{6.13}$$

である．これより，質点の運動は振幅 $\sqrt{y_0{}^2 + (v_0/\omega_n)^2}$ で，式(6.7)で与えられる ω_n を角速度とする単振動であることがわかる．

例題 6.2　バネに吊るした重りを図 6.1 (a)の状態より y_0 だけ手で引き下げて，静止した状態で手を放した．この初期条件のもとで，式(6.9)の積分定数を定めよ．

解　初期条件の考え方　静止の状態で手を放した瞬間において，伸びたバネが元に戻ろうとする力($P = ky_0$)が重りに作用するので，重りの加速度は式(6.1)により生じるが，重りの速度は零である．どのような外力を作用させても，静止している物に初速度 v_0 の初

期条件をもたせることは不可能である．これは次のことよりわかる．式(6.1)を積分して
$$m\dot{y} = Pt + C_1$$
$t=0$ で静止 ($\dot{y}=0$) の条件を用いると，$C_1=0$．これに $t=0$ とおけば，$\dot{y}=0$ となる．この場合，外力 P はどのようなものであっても，$t=0$ において $\dot{y}=0$ になることは理解できよう．

以上のことより，この問題の初期条件，
$$t=0 \text{ で，変位 } y=y_0, \text{ 速度 } \dot{y}=0$$
を式(6.9), (6.10)に代入して，C, D を次のように決める．
$$C = y_0, \quad D = 0$$
これより，
$$y = y_0 \cos \omega_n t \tag{6.14}$$
となる．もちろん，これは式(6.11)において $v_0=0$ としたものに一致する．

■**自由振動とその基礎式**　上述の例題よりわかるように，1自由度系の自由振動は単振動であり，その**固有角速度** ω_n は式(6.7)より計算できる．この固有角速度 ω_n が求められると，これの**固有振動数**(natural frequency) f_n と**固有周期** T_n は次の関係より求められる．この添え字の n は natural の頭文字をとっている．
$$f_n = \frac{1}{T_n} = \frac{\omega_n}{2\pi} \tag{6.15}$$
この固有の名は，その振動系固有に存在するという意味であり，数学の分野では $\lambda_n\,(=\omega_n{}^2)$ を**固有値**(eigenvalue)とよんでいる＊．eigen は，ドイツ語で「固有の」という意味を表す．また，固有角速度 ω_n は**固有円振動数**(natural circular frequency)ともよばれる．

■**自由振動は微分方程式のタイプによって生じる**　この自由振動は，この例のように，バネと質量の振動系で発生する．数学的には，基礎式が式(6.5)のタイプの2階微分方程式であれば生じるもので，たとえば，図6.2のインダクタンス L と電気容量 C との直列回路の基礎式は次式で表される．

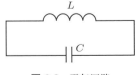

図 6.2　電気回路

＊ λ はギリシャ文字でラムダと読む．

$$L\ddot{q} + \frac{1}{C}q = 0 \tag{6.16}$$

ここに，q は電気量である．これは式(6.5)とまったく同じタイプの微分方程式であるので，次の固有円振動数をもつ自由振動が生じる．

$$\omega_n = \frac{1}{\sqrt{LC}} \tag{6.17}$$

この振動数 ω_n をテレビやラジオの放送周波数に同調すれば，空中の放送電波の中からこの周波数のみが共振して，選局される(例題 8.1 参照)．

一方，熱伝導では，その微分方程式が時間に関する 2 階微分を含まないので，自由振動は発生しない．

例題 6.3 重量 $W = 588$ N の重りを，静かに図 6.3 の単純ばりの上に乗せる．このとき，はりは 5 cm たわんで静止した．この重りをはりの上で自由振動させたときの，固有振動数 f_n と固有周期 T_n を求めよ．ただし，はりの重量は重りに比べて小さく，無視できるものとする(重量は力の単位として考えること)．

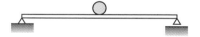

図 6.3 重りの乗った単純ばり

解 このはりの重りの位置でのバネ定数 k は，例題 5.3 と同様にして *

$$k = \frac{W}{y} = \frac{588}{0.05} = 11760 \text{ N/m}$$

$$m = \frac{W}{g} = \frac{588}{9.8} = 60.0 \text{ kg}$$

となる．式(6.7)より

$$\omega_n = \sqrt{\frac{k}{m}} = \sqrt{\frac{11760}{60.0}} = 14.0 \text{ rad/s}$$

となるから，固有振動数と固有周期は次式となる．

$$f_n = \frac{\omega_n}{2\pi} = 2.23 \text{ cycle/s } (= \text{Hz})$$

$$T_n = \frac{1}{f_n} = 0.449 \text{ s}$$

---

* 1 N = 1 kg·m/s^2 であるので，この単位に関連する計算では m の単位に統一する必要がある．また，cycle/s は Hz (ヘルツ) で表されることが多く，以後，本書でも振動数の単位は Hz で表す．

演習問題

1. 図 6.4 の 1 自由度系の振動について次の問いに答えよ．
(1) k はバネ定数，m は質量，y は変位であるが，それぞれの単位を SI 単位で表せ．
(2) 自由振動方程式を導き，その解を求めよ．
(3) $k = 4.0\ [\ \ ]$，$m = 1.0\ [\ \ ]$ のときの固有円振動数を求めよ．また，初期条件として，$t = 0$ のとき，$y = 3.0$ cm，$\dot{y} = 5.0$ cm/s の場合の解を求めよ．ただし，$[\ \ ]$ の単位は (1) の単位と同じとする．
(4) (3) の結果を図示せよ．

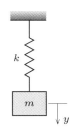

図 6.4 1 自由度系

2. 図 6.5 のような 1 自由度系について次の問いに答えよ．
(1) 吊り下げた重りの質量を m，重量を W，バネに重りを吊り下げたときの静的な伸びを y_s とし，自由振動しているときの y_s からの伸びを y として運動方程式を導け．
(2) $k = 8.0$ N/cm，$m = 2.0$ kg のとき，系の固有振動数，固有周期を求めよ．
(3) 運動方程式の解を求めよ．
(4) 初期条件として $t = 0$ のとき $y = 0$ cm，$\dot{y} = 5/3$ cm/s として，(3) の運動方程式の解を決定せよ．

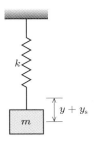

図 6.5 1 自由度系

(5) 変位応答を図示せよ．

3. 図 6.6 のような一端固定の棒に荷重を吊り下げたモデルについて，次の問いに答えよ．

(1) 棒の伸びを Δl とするとき，伸びを求める式を記せ．ただし，ヤング率は E とする．

(2) 棒の長さ $l = 1.5$ m，直径 3 mm，ヤング率 206 kN/mm^2 のときのバネ定数を求めよ．

(3) 棒の重さが $W = 971$ N のときの伸び Δl を求めよ．

(4) この系が自由振動しているときの運動方程式を求めよ．ただし，棒の質量は無視する．

(5) 固有振動数と固有周期を求めよ．

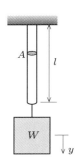

図 6.6　一端固定の棒

4. 運動方程式の解が次式で与えられた．次の問いに答えよ．

$$y = 3\sin 3\pi t + 4\cos 3\pi t \text{ [cm]}$$

(1) 上式を書き換えて，$y = A\sin(\omega t + \alpha)$ の形にせよ．

(2) 振幅，固有円振動数を求め，変位曲線を図示せよ．

第7章
減衰をもつ1自由度系の自由振動

減衰で共振を抑制する

　これまでの自由振動は，式(6.12)，(6.14)のタイプの式で表され，いったん振動が生じると永久にその運動を持続するものである．しかし，日常生活で経験する振動は次第に減衰し，最後には停止する．これは，振動系のエネルギーが空気の抵抗・バネ材料内部の摩擦などの原因により消費されるためである．現在，減衰機構については不明な要素も多く，これを理論的に取り扱うには無理がある．一般に行われるのは，**ダッシュポット**(dash pot)とよぶ簡単な減衰モデルを考え，これを振動系に近似的に取り入れる方法である．

7.1　減衰モデル

　運動方程式は質点に作用する力のつり合いから導くので，減衰を取り扱う場合もそれを力の量(減衰力)として考えなければならない．この減衰力は測定してみると，おおよそ次のような性質をもっている．

① 遅い速度では速度に比例する．
② 中程度の速度では速度の2乗に比例する．
③ 速い速度では速度の複雑な関数となる．

厳密には，これらすべての性質を考えて運動方程式を立てなければならないが，②，③の場合には運動方程式が非線形微分方程式となり，解析的には容易に解けない場合がほとんどである．しかし，構造物の振動は，爆発などの特殊な場合を除くと，比較的遅い速度をもつ振動と考えてよい場合が多く，①が使用される．この速度に比例する減衰力をもつものを**粘性減衰**(viscous damping)とよび，図7.1にダッシュポットのモデルを表す．これは，シリンダ内に油などの粘性抵抗物質を入れ，ピストンに設けた細孔を通して粘性流体が移動できるようにした装置である．このときの粘性減衰力を測定すると，速度に比例している．**この減衰機構は，ドアチェック**(door check)**や自動車のショックアブソーバーなどに広く使用されている．** また，重要な構造物の振動抑制にも使用されている．粘性減衰力を式で書くと，

$$(粘性減衰力) = c\dot{y} \tag{7.1}$$

50 第7章　減衰をもつ1自由度系の自由振動

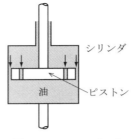

図 7.1　ダッシュポット

となる．ここに，c は比例定数で，**粘性減衰係数**(coefficient of viscous damping)とよぶ．

7.2　運動方程式を導く

減衰振動(damped vibration)の最も簡単な力学モデルは，図 7.2 に示すものである．図 7.1 のダッシュポットを，図 7.2 中の c のように簡単なモデルで表す．減衰のない振動系(図 6.1)の運動方程式の誘導はすでに述べているので，ここでは，式(7.1)の粘性減衰力をいかに基礎式中に取り入れるかを考える．

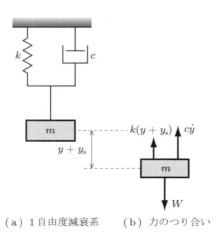

（a）1自由度減衰系　　（b）力のつり合い

図 7.2　1自由度減衰系

いま，下向きに正の変位をとると，力も下向きが正である(6.1節の補足説明参照)．質量 m が下向き(y の正方向)に $\dot{y}$ ($\dot{y}>0$) の速度で動いているとき，ダッシュポットの粘性減衰力の大きさは式(7.1)より $c\dot{y}$ で，この力はダッシュポットの動きを止めようとする上向きの抑制力 $-c\dot{y}$ として m に作用する．たとえば，水の中の板を手で押

せば，水の抵抗のために板の動きを止めようとする力を手は感じるはずである．この
とき，質量 m には減衰のない場合に比べて上向きの $c\dot{y}$ の力が余分に加わるだけであ
る．式(6.3)を参照して，力の方向を考えると

$$m\ddot{y} = -k(y + y_s) + W - c\dot{y}$$
$$\downarrow \qquad \uparrow \qquad \downarrow \quad \uparrow$$

(7.2)

となる．これに式(6.2)を用いて整理すると，

$$m\ddot{y} + c\dot{y} + ky = 0$$

または，

$$\ddot{y} + \frac{c}{m}\dot{y} + \frac{k}{m}y = 0 \tag{7.3}$$

となる．

7.3 運動方程式を解く

式(7.3)タイプの微分方程式は，

$$y = e^{st} \tag{7.4}$$

とおいて解くのが定石である．

$$\dot{y} = se^{st} = sy \tag{7.5a}$$

$$\ddot{y} = s^2 e^{st} = s^2 y \tag{7.5b}$$

を式(7.3)に代入して

$$\left(s^2 + \frac{c}{m}s + \frac{k}{m}\right)e^{st} = 0 \tag{7.6}$$

となり，これより

$$s^2 + \frac{c}{m}s + \frac{k}{m} = 0 \tag{7.7}$$

を得る．この2次方程式の解は

$$s_{1,2} = -\frac{c}{2m} \pm \sqrt{\left(\frac{c}{2m}\right)^2 - \frac{k}{m}} \tag{7.8}$$

となり，次の二つの解が求められる．

$$y_1 = A_1 e^{s_1 t}, \qquad y_2 = A_2 e^{s_2 t} \tag{7.9}$$

これより一般解は

$$y = A_1 e^{s_1 t} + A_2 e^{s_2 t} \tag{7.10}$$

ここに，A_1，A_2 は積分定数で，初期条件より決定する．

52　第7章　減衰をもつ1自由度系の自由振動

■**振動系の減衰効果は粘性減衰係数 c だけではわからない**　ここで，ダッシュポットが系全体に与える減衰効果について考える．減衰力そのものの大きさは，式(7.1)で与えられるが，それが振動系全体に与える減衰効果は，m，k に生じる力と比較して決める必要がある．たとえば，オートバイという m，k の小さい振動系で減衰効果の大きいダッシュポットを，m，k の大きいダンプトラックに使用しても，その効果は小さいはずである．

　ここで，m と k に関連した標準の減衰量を c_c とおき，c の大きさを，この c_c の何倍であるかという表現を用いる．標準減衰量として，便宜上，式(7.8)の根号内の値を零にする量として考える．この c_c は，振動系が減衰振動をするかしないかに関する重要な量である（後述）．

　式(7.8)の根号内に c_c を用いて

$$\left(\frac{c_c}{2m}\right)^2 - \frac{k}{m} = \left(\frac{c_c}{2m}\right)^2 - \omega_n{}^2 = 0 \tag{7.11}$$

これより，

$$c_c = 2\sqrt{mk} = 2m\omega_n \tag{7.12}$$

となる．そして，従来の c との関係を，標準の減衰量 c_c との比 h を用いて表す．

$$h = \frac{c}{c_c} \tag{7.13}$$

この h を**減衰定数**（damping constant）とよぶ．振動系に及ぼす減衰効果を表す量としてはこれまでの c より明確であり，今後はこの h を使用する．このとき，式(7.8)は

$$s_{1,2} = (-h \pm \sqrt{h^2 - 1})\omega_n \tag{7.14}$$

となる．根号内の値が正，零，負の三つの場合に対応して，振動性状が大きく変化する．以下，各場合について考える．

（1）$h > 1$ の場合（過減衰）

　このとき，根号内は正で，$s_{1,2}$ とも負の実数となる．

$$s_1 = (-h + \sqrt{h^2 - 1})\omega_n = -r_1$$

$$s_2 = (-h - \sqrt{h^2 - 1})\omega_n = -r_2$$

ここに，r_1，r_2 は正の実数である．これより，式(7.10)は

$$y = A_1 e^{-r_1 t} + A_2 e^{-r_2 t} \tag{7.15}$$

となる．変位 y と初速度 v_0 との関係を図7.3に示す．この図に示したものは，もはや振動ではない．減衰が大きすぎて振動しないのである．たとえば，ドアチェックを付けた戸は，徐々に元の位置に戻り振動しない．この $h > 1$ の状態を**過減衰**（over

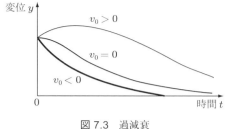

図 7.3 過減衰

damping)とよぶ．一般構造物の振動では，この状態は特殊な場合を除いてほとんどない．

（2） $h=1$ の場合（臨界減衰）

$h=1$ の場合の微分方程式の解は，過程が長いので付録 A.3 に示している．ここでは減衰現象を理解することが大切である．式 (A.1), (7.15), (7.18) の変位 y と時間 t の関係を図 7.4 に示す．$h=1$ では，図 7.3 と同じく振動しないが，変位が零の状態に戻るのが $h>1$ に比べて早い．参考のために $h>1$ の場合を破線で示した．$h>1$ において，h の値を次第に小さくするにつれて変位が零に早く戻る．$h=1$ が最も短時間内に戻る場合で，これより h が小さくなると，次の (3) に示す $h<1$ の場合となり，振動が起こる．$h=1$ は振動するかしないかのぎりぎりの状態（臨界）を表し，これを**臨界減衰**(critical damping)という．このときの c を**臨界減衰係数**(coefficient of critical damping)とよび，c_c で表す．式 (7.11) は，式 (7.8) の根号内の値を零にする数学的条件により c_c を決めたが，これは物理的には上記の臨界減衰に対応する．

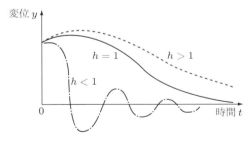

図 7.4 減衰定数 h と振動波形

この臨界減衰状態を議論することは，構造物の振動ではほとんどないが，できるだけ短時間に，しかも振動させないで静止させたいような問題，たとえば上述のドアチェックでできるだけ短時間にドアを閉めたい，あるいは自動車の振動や測定メータの針の動きなどをできるだけ短時間内に止めたいときに利用される．

54 第 7 章 減衰をもつ 1 自由度系の自由振動

（3） $h < 1$ の場合（減衰振動）

この状態は減衰が小さいため，戻りすぎて反対側まで動く．反対側からの戻りも大きすぎて，図 7.4 $(h < 1)$ のような振動を繰り返す．このとき，式(7.14)の根号内は負になるので，次のように表す．

$$s_{1,2} = (-h \pm i\sqrt{1-h^2})\omega_{\mathrm{n}} \qquad i = \sqrt{-1}$$

これを式(7.10)に使用して

$$y = e^{-h\omega_{\mathrm{n}}t}\big(A_1 e^{i\sqrt{1-h^2}\omega_{\mathrm{n}}t} + A_2 e^{-i\sqrt{1-h^2}\omega_{\mathrm{n}}t}\big) \tag{7.16}$$

とし，

$$e^{i\theta} = \cos\theta + i\sin\theta$$

$$e^{-i\theta} = \cos\theta - i\sin\theta$$

の関係を代入すると，

$$y = e^{-h\omega_{\mathrm{n}}t}\big\{(A_1 + A_2)\cos\sqrt{1-h^2}\omega_{\mathrm{n}}t + i(A_1 - A_2)\sin\sqrt{1-h^2}\omega_{\mathrm{n}}t\big\}$$

$$= e^{-h\omega_{\mathrm{n}}t}\big(C\cos\sqrt{1-h^2}\omega_{\mathrm{n}}t + D\sin\sqrt{1-h^2}\omega_{\mathrm{n}}t\big) \tag{7.17}$$

となる．ここに，

$$C = A_1 + A_2, \qquad D = i(A_1 - A_2)$$

である．この式は以下のようにも表現できる（付録 A.2 参照）．

$$y = Ae^{-h\omega_{\mathrm{n}}t}\sin\big(\sqrt{1-h^2}\omega_{\mathrm{n}}t + \phi\big) \tag{7.18}$$

ここに，

$$A = \sqrt{C^2 + D^2}, \qquad \tan\phi = \frac{C}{D} \tag{7.19}$$

である．上式中の C と D（または A と ϕ）は積分定数で，初期条件より決定される．

式(7.18)中の $\sin(\sqrt{1-h^2}\omega_{\mathrm{n}}t + \phi)$ は，角速度 $\sqrt{1-h^2}\omega_{\mathrm{n}}$ の単振動であり，また，$Ae^{-h\omega_{\mathrm{n}}t}$ は時間 t の増加とともに減衰する関数（図 7.5 中の破線）であるので，この二つの関数の積は図 7.5 に示すような減衰振動となる．$h < 1$ の状態を**減衰**(under damping)といい，一般の構造物の振動はほとんどこの振動である．減衰振動には，ダッシュポットのほかに摩擦，弾塑性，免震などを含む構造物の振動がある．これらの運動方程式は，式(7.3)に示すような線形微分方程式では表現できない．

減衰振動における固有角速度は $\sqrt{1-h^2}\omega_{\mathrm{n}}$ で，**減衰のない系の固有角速度** ω_{n} に比べて，$\sqrt{1-h^2}$ 倍小さくなる．このときの固有周期 T_{d}（添字 d は damped の d）は，

$$T_{\mathrm{d}} = \frac{2\pi}{\omega_{\mathrm{n}}\sqrt{1-h^2}} = \frac{T_{\mathrm{n}}}{\sqrt{1-h^2}} \tag{7.20}$$

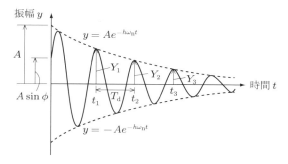

図 7.5 減衰振動

となり，このとき，$T_d > T_n$ である(固有周期は減衰があると「若干」延びる).

一般の構造物では，h が小さく，$\sqrt{1-h^2} \fallingdotseq 1$ としても実用上差し支えないことが多い(7.4 節参照).

7.4 対数減衰率による実用的な減衰効果の判定

振動状態における減衰の程度を表すものとして，減衰定数 h 以外に**対数減衰率**(logarithmic decrement factor)とよばれるものがある．図 7.5 における減衰振動の極大値は，近似的には式(7.18)において

$$\sin(\sqrt{1-h^2}\omega_n t + \phi) = 1$$

となる時刻に生じるとしてよい．式(7.18)の極大値を数学的に厳密に求めるには，この式を時間 t について微分したものを零とおく方法をとるが，両者の間にはほとんど差がない．

図中の隣り合った極大値を Y_1, Y_2, 周期を T_d, Y_1 の時刻を t_1 とすると，対数減衰率 δ は次式で定義される．

$$\delta = \log_e \frac{Y_1}{Y_2} = \log_e \frac{Ae^{-h\omega_n t_1}}{Ae^{-h\omega_n(t_1+T_d)}} = \frac{2\pi h}{\sqrt{1-h^2}} \tag{7.21}$$

この δ の値は，任意の隣り合った振幅 Y_n, Y_{n+1} に対して同じ値をとることが上式より容易にわかる．これはまた，実測記録データの任意の隣り合った極大値を測定して求められるので，簡便な方法としてよく用いられる．

■**実際の h は非常に小さい**　これまで，$h < 1$ であれば理論的には振動するものとして扱ってきたが，実際に記録されたものを振動として感覚的に認識できるのは，$h < 0.3$ 程度である．たとえば，式(7.21)において $Y_1/Y_2 = 10$ としたとき(これは 2 周期で振幅が 1/100 に大きく減少する)，

$$\delta = \log_e 10 = 2.30$$

となり，これを式(7.21)に使用すると，

$$h^2 = \frac{\delta^2}{4\pi^2 + \delta^2} = 0.11817, \quad h = 0.343$$

となる．このように大きく減衰しても $h = 0.3$ 程度であるので，実用的には式(7.21)は h^2 が 1 に比べて十分に小として，次のように近似できる．

$$\delta = 2\pi h \tag{7.22}$$

逆に，風による橋の減衰定数を求めるようなときは，

$$h = \frac{\delta}{2\pi} \tag{7.23}$$

となる．図 7.6 に式(7.21), (7.22)の関係を図示している．

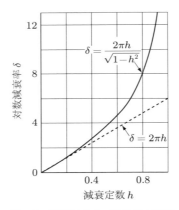

図 7.6　対数減衰率の近似値の精度

例題 7.1　減衰自由振動の記録が図 7.7 のように与えられた．測定中，電源からのノイズにより，Y_2 と Y_3 の値が正確に測定できず，Y_1 と Y_4 が次のように得られた．

$$Y_1 = 8.72 \text{ cm}, \quad Y_4 = 4.36 \text{ cm}$$

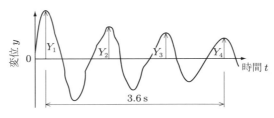

図 7.7　減衰自由振動の記録

この記録より，振動系の(1)固有振動数，(2)対数減衰率，(3)減衰定数を求めよ．

解 （1） 3.6秒で3サイクルあるので，周期は $T_n = 1.2$ 秒．これより，固有振動数は $f_n = 1/T_n = 0.8333$ Hz となる．
（2） 対数減衰率 δ は次式となる．
$$\delta = \log_e \frac{Y_1}{Y_2} = \log_e \frac{Y_2}{Y_3} = \log_e \frac{Y_3}{Y_4}$$
$$\log_e \frac{Y_1}{Y_4} = \log_e \left(\frac{Y_1}{Y_2} \cdot \frac{Y_2}{Y_3} \cdot \frac{Y_3}{Y_4} \right) = 3\delta$$
$$\delta = \frac{1}{3} \log_e \frac{Y_1}{Y_4} = 0.231$$
（3） 減衰定数 h は次式となる．
$$h = \frac{\delta}{2\pi} = 0.0368$$

演習問題

1. 減衰が作用すると振動は徐々に小さくなり，ついには止まる．われわれの身の回りにある減衰振動を3種類記せ．

2. 図7.8のようなダッシュポットをもつ1自由度減衰系について次の問いに答えよ．

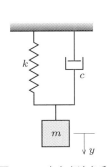

図7.8 1自由度減衰系

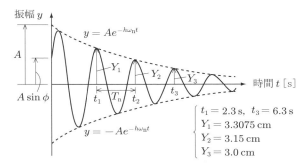

図7.9 振動記録

(1) 運動方程式を求めよ．ただし，yには静的変位は含まれていない．
(2) $k = 9.8$ kN/m，$m = 98$ kg，$c = 39.2$ kg/s のときの運動方程式を書き，固有円振動数，臨界減衰係数 c_c を求め，減衰定数 h を計算せよ．

3. 図7.9のような減衰自由振動の振動記録が得られた．固有振動数，対数減衰率 δ を求めよ．

第8章
1自由度系の定常振動

定常振動により共振状態を調べる

8.1 定常振動と過渡振動の区別

構造物に一定周期外力($P_0 \sin \omega t$ で示される外力の振幅 P_0 と振動数 ω を一定とし
たもの)が作用すると,その構造物は外力と同じ振動数で振動し,その振幅は一定で
ある.たとえば,工場施設内のモータ回転により建物が振動したとき,その振動数は
モータ回転数と同じで,その振幅も変化しないことは感覚的に理解できることである.一定振動数・一定振幅の振動を**定常振動**(steady state vibration)とよぶ.日常生
活においてしばしば経験するこの種の振動は,振動系の特性を知るうえで重要なもの
である.

地震,風などによる振動は定常的なものでなく,この種の振動を**過渡振動**(transient
vibration)とよぶ.なお,一定周期・一定振幅の外力が作用する場合にも,外力の作
用始めには,その振動系の自由振動が同時に発生するので(例題 8.3 参照),これは定
常振動ではなく過渡振動という.しかし,一般にこの自由振動は時間の経過とともに
次第に減衰して最後には消滅し,これ以後は定常振動となる.上記の工場建物の振動
は,この定常状態を指している.振動の基礎式は 2 階の微分方程式となり,その特解
が定常振動,同次方程式の一般解が自由振動に対応する.

8.2 運動方程式とその解

一定周期外力 $P_0 \sin \omega t$ が作用する図 8.1 (a) の振動系を考える.図 6.1 と同じく,
重り W の自重によるバネの伸びを y_s とし($W = k y_s$:式(6.2)),これを基点として
振動変位 y をとる.質量 $m = W/g$ が y だけ変位した瞬間において,m に作用する力
は図(b)に示す力である.これは図 7.2 の自由振動の場合と比べて,外力 $P_0 \sin \omega t$ が
付加されているだけであるので,式(7.2)の誘導と同様に次の運動方程式が得られる.

$$m\ddot{y} = -k(y + y_s) - c\dot{y} + W + P_0 \sin \omega t \tag{8.1}$$
$$\downarrow \qquad \uparrow \qquad \uparrow \quad \downarrow \qquad \downarrow$$

ここに,矢印は力の方向を表す.式(6.2)を使用して整理すると,

$$m\ddot{y} + c\dot{y} + ky = P_0 \sin \omega t \tag{8.2}$$

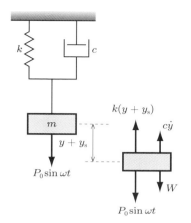

(a) 1自由度減衰系　(b) 力のつり合い

図 8.1　1自由度減衰系の強制振動

となり，これは式(6.4)と同様に，重力 g の影響を受けないことに注意する．**力のつり合いより運動方程式を立てることをよく理解してほしい．**

この微分方程式の解は，右辺 $= 0$ とおいた同次方程式の一般解と，式(8.2)の特解との和で与えられる．前者は 7.3 節で述べた減衰自由振動に対応するので，ここでは特解を求めることを考える．

一定周期外力 $P_0 \sin \omega t$ に対する構造物の**応答**(response) y は，前に述べた工場建物と同じように，外力と同じ振動数(角速度) ω をもつことを予測して，y を次のように仮定する．

$$y = a \cos \omega t + b \sin \omega t \tag{8.3a}$$

ここに，a，b は未知数で，式(8.2)を満足するように決める．上式を微分して，

$$\dot{y} = -a\omega \sin \omega t + b\omega \cos \omega t \tag{8.3b}$$

$$\ddot{y} = -a\omega^2 \cos \omega t - b\omega^2 \sin \omega t$$
$$= -\omega^2 y \tag{8.3c}$$

となる．これらを式(8.2)に代入し，両辺の $\sin \omega t$ と $\cos \omega t$ との係数比較より，次式を得る．

$$(\omega_\mathrm{n}^2 - \omega^2)a + \frac{c\omega}{m}b = 0$$

$$-\frac{c\omega}{m}a + (\omega_\mathrm{n}^2 - \omega^2)b = \frac{P_0}{m}$$

ここに，$\omega_\mathrm{n}^2 = k/m$ である．この連立方程式を解いて a，b を求め，これらを式(8.3a)

60 第 8 章 1 自由度系の定常振動

に代入すると，

$$y = \frac{P_0}{m\left\{(\omega_{\mathrm{n}}^2 - \omega^2)^2 + \left(\dfrac{c}{m}\right)^2 \omega^2\right\}} \left\{-\frac{c\omega}{m}\cos\omega t + (\omega_{\mathrm{n}}^2 - \omega^2)\sin\omega t\right\}$$

となる．これは次式のように書ける（付録 A.2 参照）．

$$y = \frac{P_0}{m\left\{(\omega_{\mathrm{n}}^2 - \omega^2)^2 + \left(\dfrac{c}{m}\right)^2 \omega^2\right\}^{1/2}} \sin(\omega t - \phi) \tag{8.4a}$$

ここに，

$$\tan\phi = \frac{\dfrac{c\omega}{m}}{\omega_{\mathrm{n}}^2 - \omega^2} = \frac{\dfrac{c\omega}{k}}{1 - \left(\dfrac{\omega}{\omega_{\mathrm{n}}}\right)^2} \tag{8.4b}$$

である．または，式 (7.12)，(7.13) を用いて

$$y = y_0 \sin(\omega t - \phi) \tag{8.5a}$$

ここに，

$$y_0 = \frac{P_0}{k} \cdot \frac{1}{\left[\left\{1 - \left(\dfrac{\omega}{\omega_{\mathrm{n}}}\right)^2\right\}^2 + \left(2h\dfrac{\omega}{\omega_{\mathrm{n}}}\right)^2\right]^{1/2}} \tag{8.5b}$$

$$\tan\phi = \frac{2h\left(\dfrac{\omega}{\omega_{\mathrm{n}}}\right)}{1 - \left(\dfrac{\omega}{\omega_{\mathrm{n}}}\right)^2} \tag{8.5c}$$

である．上式中の P_0/k は，単独のバネに P_0 の **静的な** (static) 力を作用させたときのバネの静的な伸び y_{st} を表すので（式 (5.1) 参照），式 (8.5b) は次式となる．

$$\frac{y_0}{y_{\mathrm{st}}} = \frac{1}{\left[\left\{1 - \left(\dfrac{\omega}{\omega_{\mathrm{n}}}\right)^2\right\}^2 + \left(2h\dfrac{\omega}{\omega_{\mathrm{n}}}\right)^2\right]^{1/2}} \tag{8.6}$$

これは，$P_0 \sin\omega t$ による質量 m，ダッシュポット c，バネ k の振動系の動的振幅 y_0 と，バネ k に静的外力 P_0 が作用したときのバネの伸び y_{st} との比を示すもので，**拡大率** (magnification factor)，または増幅率とよばれる．

8.3　減衰のみが定常振動の振幅特性を左右する

拡大率と $\omega/\omega_{\mathrm{n}}$ の関係を，h をパラメータとして図 8.2 に示した．この関係は以下に述べる事項を参考にして，大体の概略図がスケッチできる程度に理解すべきである．

8.3 減衰のみが定常振動の振幅特性を左右する　61

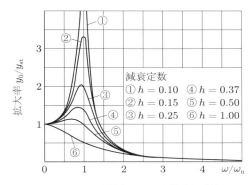

図 8.2　正弦波外力による変位共振曲線

(1) ゆっくりと変化する外力(ω が小)に対しては，速度 $\dot{y}$，加速度 $\ddot{y}$ も当然小となる(式(8.3b, c)参照)．いま，式(8.2)において，$m\ddot{y}$ と $c\dot{y}$ が ky に比べて無視できるように ω を小にとれば，これは単にバネのみに $P_0 \sin\omega t$ の一定周期外力が作用する静的問題(m と c が関係しない)となる．したがって，式(8.6)における y_{st} は，動的外力 $P_0 \sin\omega t$ の ω をきわめて小とし，$\sin\omega t = 1$ となる時刻($t = \pi/(2\omega)$)の動的振幅に対応する．一般に，静的解は動的解の $\omega \fallingdotseq 0$ の特別な場合として含まれる．このために，図 8.2 における $\omega/\omega_n = 0$ では，動的状態と静的状態が一致し，h の値には無関係に拡大率 $= 1$ となる．

(2) $\omega/\omega_n < 1$ の範囲では，ω の値が増加すると(h が小の場合)，式(8.6)の分母は減少し，拡大率は増加する．

(3) $\omega/\omega_n = 1$ 付近では h が小のとき，拡大率は大きなピークをもつ．振幅がこのように大きくなる状態を**共振**(resonance)とよび，このピーク値を共振倍率(M_f)という．これは振動系にとって危険な状態である．共振は，ほぼ $\omega = \omega_n$ において生じ，その大きさは式(8.6)より，

$$M_f = \frac{1}{2h} \tag{8.7}$$

として与えられる．ここで注意を要するのは，**この式が h のみを含んでいるので，質量 m とバネ定数 k をどのように変更しても，$\omega = \omega_n$ の共振時には共振倍率は小とならない**ことである．すべての構造物は，これまで取り上げてきた 1 自由度系モデルに等価に変換されるので(11.3 節参照)，減衰の大きい構造物は共振倍率が小さく安全なものといえる．最近の溶接鋼構造物は減衰が非常に小さく，共振倍率が 300〜1000 程度になることも珍しくないので注意を要する．たとえば，共振倍率 500 の振動系に作用する $P_0 = 600$ N (大人 1 人の重量)の動的外力は，バネのみの静的な系に換算する

と，600 N × 500 = 300 kN（大人 500 人の重量）の外力に相当する効果をもつ．このために，4.1 節で述べたように少年が指 1 本で大きな釣鐘を動かすことができるという推測も可能となるのである．共振時には振動系（構造物）の剛性は役に立たず，減衰力のみが抵抗することを理解してほしい．

（4）$\omega/\omega_n > 1$ の範囲においては，ω が増加すると拡大率が減少する．$\omega/\omega_n \to \infty$ となるに従い，倍率は 0 に近付く．

8.4 定常振動の位相特性は何に左右されるのか

外力 $P_0 \sin \omega t$ に対して，変位は $y_0 \sin(\omega t - \phi)$ となる（式(8.5a)）．これより，変位は外力に対して ϕ だけ位相が遅れていることがわかる．静的な場合には，$\phi = 0$ で，力と変位の最大は同時刻に生じるが，動的応答では減衰があると，変位の最大は力の最大に対して $t_1 = \phi/\omega$ だけの時間遅れを生じる．この ϕ と ω/ω_n の関係を式(8.5c)をもとにして図 8.3 に示す．

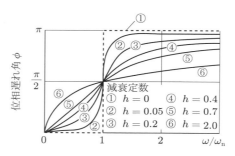

図 8.3 正弦波外力による変位位相遅れ

この位相遅れ角は $\omega/\omega_n < 1$ の場合，減衰が大であるほど大となるが，共振時（$\omega/\omega_n = 1$）には，減衰量の多少にかかわりなく，$\pi/2$ となる．減衰が零の場合，図中に破線①で示したように，$\omega/\omega_n = 1$ において，ϕ が $0 \to \pi$ に急変する．これは式(8.5a)において $\sin(\omega t - \pi) = -\sin \omega t$ であるので，$\omega/\omega_n = 1$ を境にして符号が正負と変化する．力と変位は同じ方向を正としているので（6.1 節の補足説明参照），変位が負であることは，力の作用方向と逆方向の変位が生じていることになる．いいかえると，上向きの力で下へ動き，下向きの力で上へ動くという静力学ではまったく考えられない現象が生じる．

例題 8.1 日常生活の中から共振に関係する具体例を示せ．

解（1）ブランコをこぐときはその固有振動数に合わせて体を動かし，無意識ではある

8.4 定常振動の位相特性は何に左右されるのか **63**

がブランコを共振させている.

（2） 水晶（クォーツ）時計では，水晶の小片を共振させ，それを基準振動として取り出している．固有振動数は水晶小片の大きさによって変化するので，熱膨張係数の小さい（温度変化による長さの変化がきわめて小さい）水晶が使用される.

（3） 歩道橋の上を歩くとき，ひどく揺れる場合がある．これは歩行時の加振力によって，歩道橋が共振に近い状態になっているためである．通常の橋でも，パレードの行進により大きく揺れることがある.

（4） 共鳴箱は，箱内の空気（弾性と質量をもつ）の固有振動数と同じ振動数の音波により共振する.

（5） ラジオ・テレビで選局できるのは，図 6.2 の L, C の回路を放送電波の周波数に同調（共振）させ，共振を利用して，選局しようとする周波数の感度を上げているためである．この共振がなければ，ラジオ・テレビの感度が極端に悪くなる．仮に感度を改善できたとしても他局の放送との混信は避けられない.

例題 8.2 質量 $m = 60$ kg の物体が，バネ定数 $k = 196$ N/cm のバネ上に乗っている．これに，毎秒 3 回の周期力（$P_0 = 98$ N）が作用するときの振幅を求めよ．また，この振動時にバネに発生している力は外力 P_0 の何倍になるか．ただし，減衰は無視する.

解 $k = 196$ N/cm $= 1.96 \times 10^4$ N/m*

$$\omega_\mathrm{n} = \sqrt{\frac{k}{m}} = \sqrt{\frac{1.96 \times 10^4}{60}} = 18.07 \text{ rad/s}$$

$$\omega = 2\pi f = 2\pi \times 3 = 18.85 \text{ rad/s}$$

式（8.5b）に代入すると（$h = 0$），振幅は

$$y_0 = \frac{P_0}{k} \frac{1}{1 - \left(\dfrac{\omega}{\omega_\mathrm{n}}\right)^2} = \frac{98}{1.96 \times 10^4} \frac{1}{1 - \left(\dfrac{18.85}{18.07}\right)^2}$$

$$= -0.05669 \text{ m}$$

となる．バネに作用する力 F は式（5.2）より，

$$F = ky_0 = 1.96 \times 10^4 \times (-0.05669) = -1.111 \times 10^3 \text{ N}$$

となる．バネには加えた力の（$F/P_0 =$）11.34 倍の力が作用する.

ここで，振幅の値が負になるが，これは力の作用する方向と逆向きの変位が生じていることを示す（8.4 節参照）.

---

* 1 N $= 1$ kg $\cdot$ m $\cdot$ s^{-2} であるので，ニュートンに関係する計算式を取り扱うときには長さにメートルを使用する必要がある.

64　第8章　1自由度系の定常振動

例題8.3　図8.4に示す質量 m とバネ定数 k とよりなる振動系が，静止しているとする．これに，この系の固有振動数 ω_n と同じ振動数の周期力 $P_0 \sin \omega_n t$ が作用する場合の応答を求め，これより共振状態に入る過程を説明せよ．

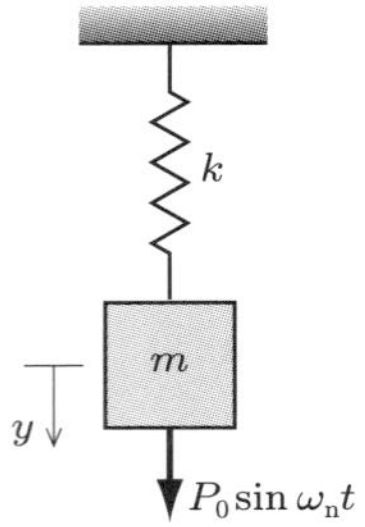

解　はじめに任意の振動数 ω の外力 $P_0 \sin \omega t$ が作用する場合の解を求め，次に，$\omega \to \omega_n$ の極限を考える．

運動方程式は（式(8.2)において $c = 0$ として）

$$m\ddot{y} + ky = P_0 \sin \omega t \tag{8.8}$$

となる．これの右辺 $= 0$ とおいた同次方程式の解は式(6.9)により求められており，特解の振幅 y_0 は式(8.5a, b)より，

$$y_0 = \frac{P_0}{k} \frac{1}{1 - \left(\dfrac{\omega}{\omega_n}\right)^2} \tag{8.9a}$$

となるから，式(8.8)の解は

$$y = C \cos \omega_n t + D \sin \omega_n t + \frac{P_0}{k} \frac{1}{1 - \left(\dfrac{\omega}{\omega_n}\right)^2} \sin \omega t \tag{8.9b}$$

となる．初期条件は，$t = 0$ において，$\dot{y} = 0$，$y = 0$ であることから積分定数を求めると，

$$C = 0, \qquad D = -\frac{P_0}{k} \frac{\omega}{\omega_n} \frac{1}{1 - \left(\dfrac{\omega}{\omega_n}\right)^2}$$

となり，

$$y = \frac{P_0}{k} \frac{1}{1 - \left(\dfrac{\omega}{\omega_n}\right)^2} \left\{ -\left(\frac{\omega}{\omega_n}\right) \sin \omega_n t + \sin \omega t \right\} \tag{8.10a}$$

が得られる．ここで，$\omega \to \omega_n$ の極限を考えると，分子・分母ともに零になるので，ロピタルの定理を使用する．分子・分母を変数 ω で微分し，$\omega \to \omega_n$ とすると

$$y = \lim_{\omega \to \omega_n} \left[\frac{P_0}{k} \frac{1}{-\left(\dfrac{2\omega}{\omega_n{}^2}\right)} \left\{ -\left(\frac{1}{\omega_n}\right) \sin \omega_n t + t \cos \omega t \right\} \right]$$

$$= \frac{P_0}{2k} (\sin \omega_n t - \omega_n t \cos \omega_n t) \tag{8.10b}$$

となる．この式の中で，$\cos \omega_n t$ の係数 $\omega_n t$ が時間 t の増加とともに大となるために，$t \to \infty$ において振幅が ∞ となって共振が起こる．

この共振は急速に成長することに注意が必要である．振動系の周期を T とすると，$\omega_n t = 2\pi t/T$ であるので，1周期で 2π 倍，2周期で 4π 倍と急速に大きくなる．これにより，建物の振動も共振時に急速に大きくなることをよく理解してほしい．

図8.4　1自由度系

このように，共振現象が起こるにはある時間を必要とするので，共振状態を通る必要がある場合には，この状態をできるだけ短時間に脱出する必要がある．たとえば，静止している$(\omega/\omega_n = 0)$自動車エンジンを，$\omega/\omega_n > 1$の定常状態で使用するときには，$\omega/\omega_n = 1$の共振状態を通ることは避けられない．逆に，定常状態より停止させる場合も同じである．

8.5 起振機による振動試験

構造物の振動試験に起振機がよく使用される．起振機の起振力は，質量 m を e の距離偏心させて，ω の角速度で回転させるときに生じる遠心力 $me\omega^2$ である．

いま，図 8.5 の振動系(質量 M，バネ定数 k，粘性減衰係数 c)を振動させるために，質量 m を e だけ離して ω の角速度で回転させる．このとき，質量 M の鉛直方向の振動変位を y とすると，これの慣性力は $M\ddot{y}$，質量 m の鉛直方向の動きは $y + e \times \sin\omega t$ であるから，これの慣性力は $m(d^2/dt^2)(y + e\sin\omega t)$ となる．また，復元力と減衰力はそれぞれ $-ky$ と $-c\dot{y}$ となり，運動方程式は式(7.2)の誘導を参考にして次式となる．

$$M\frac{d^2y}{dt^2} + m\frac{d^2}{dt^2}(y + e\sin\omega t) = -ky - c\frac{dy}{dt}$$

重力 g の影響を考えなくてよいことは式(7.2)と式(8.1)よりわかる．書き換えると

$$(M+m)\ddot{y} + c\dot{y} + ky = me\omega^2 \sin\omega t \tag{8.11}$$

となり，これは，式(8.2)において $m \to (M+m)$，$P_0 \to me\omega^2$ としたものである．この振動振幅 y_0 と位相遅れ角 ϕ とは，式(8.5b, c)に上記の入れ換えを行って，

$$y_0 = \frac{me\omega^2}{k} \frac{1}{\left[\left\{1 - \left(\frac{\omega}{\omega_n}\right)^2\right\}^2 + \left(2h\frac{\omega}{\omega_n}\right)^2\right]^{1/2}}$$

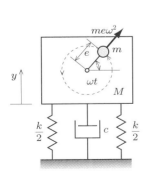

図 8.5 起振機

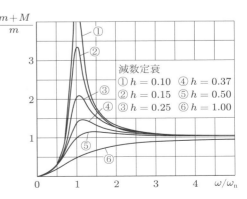

図 8.6 起振機による変位共振曲線

$$= \frac{m}{M+m} e \frac{\left(\frac{\omega}{\omega_\mathrm{n}}\right)^2}{\left[\left\{1-\left(\frac{\omega}{\omega_\mathrm{n}}\right)^2\right\}^2 + \left(2h\frac{\omega}{\omega_\mathrm{n}}\right)^2\right]^{1/2}} \tag{8.12a}$$

となり，ここに $\omega_\mathrm{n}{}^2 = k/(m+M)$ である．この式を無次元量で表すと，

$$\frac{y_0}{e}\frac{m+M}{m} = \frac{\left(\frac{\omega}{\omega_\mathrm{n}}\right)^2}{\left[\left\{1-\left(\frac{\omega}{\omega_\mathrm{n}}\right)^2\right\}^2 + \left(2h\frac{\omega}{\omega_\mathrm{n}}\right)^2\right]^{1/2}} \tag{8.12b}$$

$$\tan\phi = \frac{2h\frac{\omega}{\omega_\mathrm{n}}}{1-\left(\frac{\omega}{\omega_\mathrm{n}}\right)^2} \tag{8.13}$$

となる．式(8.12b)の左辺と ω/ω_n の関係を図 8.6 に示す．位相遅れ角 ϕ は式(8.5c)と同じであるので，図 8.3 がそのまま使用できる．

図 8.5 に示す起振力の方向(図中の太い矢印の方向)は，m の回転とともに変化する．通常の振動試験では，垂直方向だけ(または水平方向だけ)の起振力を必要とする．このためには，通常 2 個の同じ重りを図 8.7 (a), (b)に示す状態で回転させる．この方法では重りの相対位置のみの変化で，起振力の方向を 90° 変えられる．起振機全体を 90° 回転させることは，重量が大きすぎたり，電動モータが付いている構造的制約があったりするため，通常行われない．

なお，図 8.7 (b)の重りの配置では，矢印方向の $me\omega^2$ の力が起振機に $(me\omega^2)\times b$ のモーメント荷重(偶力)となって作用するので，このモーメント荷重を零にするよう，図 8.7 (c)の $b=0$ の構造，すなわち，一つの重りを二つに分けて，同一軸上で回転するメカニズムをとっている．

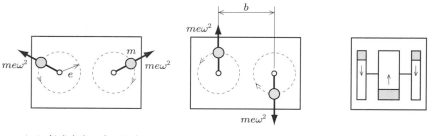

(a) 鉛直方向の力の発生　　(b) 水平方向の力の発生　　(c) 回転軸の一致

図 8.7　起振機の原理

8.6 変位(地震)による強制振動 **67**

例題 8.4 図 8.5 に示す振動モデルで次の問いに答えよ. ただし, $M = 60$ kg, 偏心質量 $m = 20$ kg, $e = 10$ cm とする.

(1) この起振機が毎秒 2 回転するときの起振力の大きさを求めよ.

(2) 起振機を静止させたまま, M を自由振動させたとき, その振幅が 1 サイクルごとに 10%ずつ減少した. このときの減衰定数 h を求めよ.

(3) この振動系に起振機を作用させるとき, $\omega/\omega_n = 0.5$, $\omega/\omega_n = 1$ の状態における振幅を求めよ. ただし, $\omega_n{}^2 = k/(m + M)$ とする.

解 (1) 起振力 $P = me\omega^2 = 20 \times 10 \times (2\pi \times 2)^2$

$$= 31582 \text{ kg} \cdot \text{cm} \cdot \text{s}^{-2} = 315.82 \text{ kg} \cdot \text{m} \cdot \text{s}^{-2} = 315.82 \text{ N}$$

(2) 減衰は小として式(7.22)を用いる.

$$\delta = 2\pi h$$

$$= \log_e\left(\frac{Y_1}{Y_2}\right) = \log_e\left(\frac{10}{9}\right) = 0.10536$$

これより, $h = \delta/2\pi = 0.01677$

(3) 式(8.12a)により, $\omega/\omega_n = 0.5$ のとき

$$y_1 = \frac{20}{60 + 20} \times 10 \times \frac{0.5^2}{\{(1 - 0.5^2)^2 + (2 \times 0.01677 \times 0.5)^2\}^{1/2}}$$

$$= 0.8331 \text{ cm}$$

$\omega/\omega_n = 1.0$ のとき

$$y_2 = \frac{20}{60 + 20} \times 10 \times \frac{1}{2 \times 0.01677} = 74.54 \text{ cm}$$

8.6 変位(地震)による強制振動

図 8.8 のように, 地表面が地震による上下振動で, 地盤基礎(静止点)に対して $\overline{y}$ だけ変位し, バネ k が y だけ伸びて, 質量 m が静止座標に対して $y + \overline{y}$ だけ変位したとする. 地表面上にいる人は $\ddot{\overline{y}}$, m 上にいる人は $\ddot{y} + \ddot{\overline{y}}$ の加速度を感じる. このとき, バネの復元力 $-ky$ とダッシュポットによる減衰力 $-c\dot{y}$ が, 質量 m に作用する.

ニュートンの第 2 法則より, 運動方程式は

$$m\frac{d^2}{dt^2}(y + \overline{y}) = -ky - c\dot{y}$$

または

$$m\ddot{y} + c\dot{y} + ky = -m\ddot{\overline{y}} \tag{8.14}$$

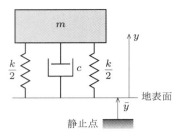

図 8.8　強制変位を受ける系

となる．地表面変位が

$$\bar{y} = a_0 \sin \omega t \tag{8.15}$$

で与えられるとき，式(8.14)は

$$m\ddot{y} + c\dot{y} + ky = ma_0\omega^2 \sin \omega t \tag{8.16}$$

となる．これは，式(8.11)とまったく同じタイプの微分方程式であるから，その解を用いて，

$$y = y_0 \sin(\omega t - \phi) \tag{8.17}$$

$$\frac{y_0}{a_0} = \frac{\left(\dfrac{\omega}{\omega_\mathrm{n}}\right)^2}{\left[\left\{1-\left(\dfrac{\omega}{\omega_\mathrm{n}}\right)^2\right\}^2 + \left(2h\dfrac{\omega}{\omega_\mathrm{n}}\right)^2\right]^{1/2}} \tag{8.18a}$$

$$\tan \phi = \frac{2h\dfrac{\omega}{\omega_\mathrm{n}}}{1-\left(\dfrac{\omega}{\omega_\mathrm{n}}\right)^2} \tag{8.18b}$$

式(8.18a)と式(8.12b)の右辺は同じであるので，図 8.6 の縦軸を y_0/a_0 とすれば，ω/ω_n に対する共振曲線が得られる．

質量 m の絶対変位 Y は，

$$Y = \bar{y} + y$$
$$= a_0 \sin \omega t + y_0 \sin(\omega t - \phi)$$

となり，これは次のように表せる(付録 A.2 参照)．

$$Y = A \sin(\omega t - \psi) \tag{8.19}$$

ここに，

$$A = a_0 \sqrt{\frac{1+\left(2h\dfrac{\omega}{\omega_\mathrm{n}}\right)^2}{\left\{1-\left(\dfrac{\omega}{\omega_\mathrm{n}}\right)^2\right\}^2+\left(2h\dfrac{\omega}{\omega_\mathrm{n}}\right)^2}} \tag{8.20}$$

$$\tan\psi = \frac{y_0\sin\phi}{a_0+y_0\cos\phi} = \frac{2h\left(\dfrac{\omega}{\omega_\mathrm{n}}\right)^3}{1-(1-4h^2)\left(\dfrac{\omega}{\omega_\mathrm{n}}\right)^2} \tag{8.21a}$$

$$\cos\phi = \frac{1-\left(\dfrac{\omega}{\omega_\mathrm{n}}\right)^2}{\sqrt{\left\{1-\left(\dfrac{\omega}{\omega_\mathrm{n}}\right)^2\right\}^2+\left(2h\dfrac{\omega}{\omega_\mathrm{n}}\right)^2}} \tag{8.21b}$$

$$\sin\phi = \frac{2h\dfrac{\omega}{\omega_\mathrm{n}}}{\sqrt{\left\{1-\left(\dfrac{\omega}{\omega_\mathrm{n}}\right)^2\right\}^2+\left(2h\dfrac{\omega}{\omega_\mathrm{n}}\right)^2}} \tag{8.21c}$$

この振幅 A と ω/ω_n, 位相遅れ角 ψ と ω/ω_n の関係を図8.9, 図8.10に示す. 地震の振動より質点の振動を小にするためには, $\omega/\omega_\mathrm{n} > \sqrt{2}$ にする必要がある. しかし, ω は地震の特性で決まるもので, これを人為的に変更することは無理である. それで, ω_n を小にすればよいが (k を小にするか, m を大にする), 一般には鉛直方向に $W(=mg)$ なる重力が作用しているので, k を小にするとバネが弱くなって壊れるという問題が生じる.

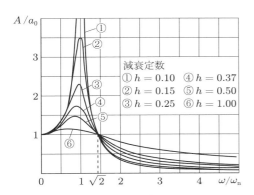

図8.9 正弦波変位による変位共振曲線

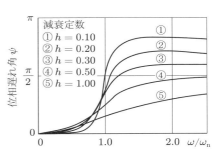

図8.10 正弦波変位による位相遅れ

70　第 8 章　1 自由度系の定常振動

例題 8.5　高級乗用車が一般の乗用車に比べて乗り心地がよい理由は何か.

解　高級乗用車は, 一般の乗用車に比べて大きい馬力のエンジンを使用し, また車体も頑丈につくってあるので, 重量が大きくなる. 重量が大であるにもかかわらず, 一般車よりも軟らかいバネで支えているので, 固有振動数 ω_n は低下する. このため, 図 8.9 において, 一般車がたとえば $\omega/\omega_n = 2$ の状態にあるとき, 高級乗用車では $\omega/\omega_n > 2$ の状態となり, 振動振幅は減少する. このほか, タイヤやソファの品質による影響も考える必要がある.

例題 8.6　付近の工場からの地盤振動で被害を受けている建物がある. この建物をバネ k と質量 m からなる 1 質点系とみなし, その質点の振動を測定すると, 最大加速度 200 Gal, 振動数 $f = 4$ Hz であった. また, この建物の自由振動記録では, 固有振動数 $f_n = 5$ Hz であった. 減衰は無視できるものとして, 建物基礎の振動振幅を求めよ *.

解

$$\omega = 2\pi f = 2\pi \times 4, \qquad \omega_n = 2\pi f_n = 2\pi \times 5$$

質点の振幅を A とすると, $A\omega^2 = 200$ Gal. これより,

$$A = 0.3166 \text{ cm}$$

基礎の振幅 a_0 は, 式 (8.20) で $h = 0$ とおいて次式となる.

$$a_0 = A\left\{1 - \left(\frac{\omega}{\omega_n}\right)^2\right\} = 0.11397 \text{ cm}$$

8.7　振動計（加速度計と変位計）の原理を考える

振動試験に通常使用される**加速度計**（accelerometer）と**変位計**（displacement meter）は, 図 8.11 に示す構造をしている. 質点 m の絶対変位を Y とすると, ペンで記録できる量 y（$=$ バネの伸縮量）は, Y と振動面の変位 $\overline{y} = a_0 \sin \omega t$ の差

$$y = Y - \overline{y}$$

である. これは, 8.6 節の図 8.8 と構造的にまったく同じ関係であるので, 基礎式とその解はそのまま利用できる. すなわち次式となる.

$$m\ddot{y} + c\dot{y} + ky = ma_0\omega^2 \sin \omega t \tag{8.22}$$

---

* Gal は加速度の単位で, 1 Gal は 1 cm/s^2 である.

8.7 振動計(加速度計と変位計)の原理を考える　71

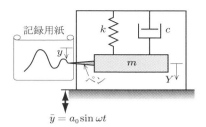

図 8.11　振動計の構造

$$y = \frac{\left(\dfrac{\omega}{\omega_\mathrm{n}}\right)^2}{\left[\left\{1-\left(\dfrac{\omega}{\omega_\mathrm{n}}\right)^2\right\}^2 + \left(2h\dfrac{\omega}{\omega_\mathrm{n}}\right)^2\right]^{1/2}} a_0 \sin(\omega t - \phi) \tag{8.23}$$

$$\tan\phi = \frac{2h\dfrac{\omega}{\omega_\mathrm{n}}}{1-\left(\dfrac{\omega}{\omega_\mathrm{n}}\right)^2} \tag{8.24}$$

(1) 加速度計

　式(8.23)の分母を ω に無関係な値($\fallingdotseq 1$)にするために，$(\omega/\omega_\mathrm{n})^2 \ll 1$ として設計すると，式(8.23)の分母の根号内はかなりよい精度で 1 となり，式(8.23)は次式となる．

$$y \fallingdotseq \left(\frac{\omega}{\omega_\mathrm{n}}\right)^2 a_0 \sin(\omega t - \phi) \tag{8.25}$$

$\bar{y}$ の加速度は

$$\ddot{\bar{y}} = -a_0 \omega^2 \sin\omega t \tag{8.26}$$

であるので，上式よりバネの伸び y は位相差はあるが，振動面の加速度に比例したものが検出されていることがわかる．

　次に，位相誤差をなくすことについて考える．図8.3では，$h=0.7$ のとき，ϕ と ω/ω_n の関係はほぼ直線関係(比例関係)にあるとみてよい(これが成り立つのは $(\omega/\omega_\mathrm{n})^2 < 1$ の範囲である)．これより，

$$\phi = \frac{\pi}{2}\left(\frac{\omega}{\omega_\mathrm{n}}\right) \tag{8.27}$$

と表せる．このとき，式(8.23)は

$$y \fallingdotseq \left(\frac{\omega}{\omega_\mathrm{n}}\right)^2 a_0 \sin\omega\left(t - \frac{\pi}{2\omega_\mathrm{n}}\right) \tag{8.28}$$

と書き換えられ，ω には無関係に時間 t より $\pi/(2\omega_n)$ だけ遅れた波形が記録されることがわかる．

加速度計の使用にあたっては，$(\omega/\omega_n)^2 \ll 1$ の条件が満足されているかどうか，あらかじめ検討しておくことが大切である．この種の加速度計は固有振動数 ω_n が記されているので，地震動の振動数 ω との比較が可能である．

（2） 変位計

$(\omega/\omega_n)^2 \gg 1$ の場合，式(8.23)は h を小とすると

$$y \fallingdotseq a_0 \sin(\omega t - \phi) \tag{8.29}$$

となり，振動面の変位が測定される．このとき $\phi \fallingdotseq \pi$ となる（図 8.3 参照）．

演習問題

1. 定常振動，過渡振動とは何か．説明せよ．

2. 図 8.12 (a)の 1 自由度減衰系の定常振動について次の問いに答えよ．

（1） 運動方程式を求めよ．

（2） 図 8.12 (b)，(c)はそれぞれ何の図か．

（3） 図 8.12 (b)，(c)の縦座標，横座標はそれぞれ何か．

（4） 図 8.12 (b)，(c)の中に，それぞれ 6 本の線が描いてあるが，これは何をパラメータとしているか．また，その値の小さいほうから $1, 2, \ldots, 6$ と番号を付けた場合，図中にその番号を記せ．

（5） 図 8.12 (b)，(c)から読み取れる顕著な現象をそれぞれ二つずつ記せ．

（6） 日常生活の中で経験する共振現象を三つ記せ．

3. 図 8.13 に示す強制変位を受ける 1 自由度減衰系について次の問いに答えよ．

（1） 運動方程式を記せ．

（2） 正弦波変位による変位共振曲線の概略図を，① $h = 0.1$，② $h = 0.2$ について記せ．

（3） 振動計は図 8.13 のような構造をしており，y を記録することになる．振動計の振動数 ω_n と外力の振動数 ω との関係によって，記録するものが異なる．変位計と加速度計となる場合の ω_n と ω の関係を記せ．

演習問題

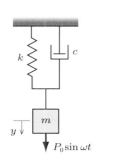

（a）1自由度減衰系

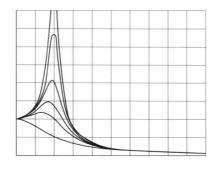

（b）

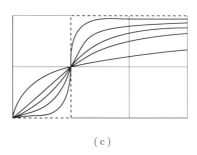

（c）

図 8.12

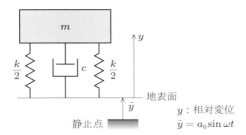

図 8.13 地盤から強制変位を受ける 1 自由度減衰系

第9章
不規則外力を受ける1自由度系の振動

1個のパンチと連続したパンチを理解する

9.1 インパルス応答はパンチ力による応答

ある大きさ P_0 で微小時間 Δt 作用する外力(図9.1(b))を**インパルス**(impulse)とよび，これによる振動系の応答をインパルス応答という．力学の分野では，(力)×(時間)を**力積**として扱う．

(1) インパルス作用中の応答

簡単のために，図9.1(a)に示す振動系に図(b)のインパルスが作用した場合を取り上げる．この振動系(= 与系)の運動方程式は(図8.1と式(8.2)参照)，次式となる．

$$m\ddot{y} + c\dot{y} + ky = P_0 \tag{9.1}$$

与系が $t = 0$ において静止($\dot{y} = y = 0$)しているとき，P_0 の外力が微小時間作用しても，Δt 時間後の質点の速度 $\dot{y}$，変位 y は微小(これがいえると $c\dot{y}$ と ky も微小として無視できる)であることを以下に述べる．まず，与系より k と c をとった簡略系(図9.2)を考える．基礎式は次式となる．

$$m\ddot{y} = P_0 \tag{9.2}$$

簡略系は与系に比べて，ダッシュポット，バネがない分だけ抵抗が少なく(動きやすく)，変位，速度も大きくなる．したがって，この簡略系の Δt 時間後の変位，速度が無視できれば，当然与系の変位，速度も無視できることになる．式(9.2)を次のように書き換える．

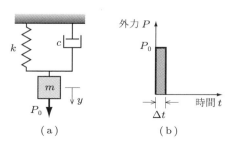

図9.1 1自由度減衰系と外力(与系)

図9.2 質量と力(簡略系)

$$\ddot{y} = \frac{P_0}{m} \tag{9.3}$$

これを $t = 0$ において静止 $(\dot{y} = y = 0)$ の初期条件のもとに解き，$t = \Delta t$ とおくと

$$\dot{y} = \frac{P_0}{m}\Delta t \tag{9.4}$$

$$y = \frac{P_0}{2m}\Delta t^2 \tag{9.5}$$

上式よりきわめて微小な Δt に対して $\dot{y}$ と y は微小であり，これより $c\dot{y}$ と ky を $m\ddot{y}$ に比べて微小として，式(9.1)より取り除くことができ，式(9.2)が成立することがわかる．この式は，微小な Δt 時間内では外力 P_0 に抵抗するのが慣性力 $m\ddot{y}$ のみであり，バネとダッシュポットはまったく考えなくてよいことを意味する．

（2） インパルス作用後の応答

Δt 時間経過後は，（外力）$= 0$ であるので自由振動(7.2 節参照)となり，このときの基礎式は

$$m\ddot{y} + c\dot{y} + ky = 0 \tag{9.6}$$

これの初期条件は式(9.4)，(9.5)で表される微小量の $\dot{y}$ と y であるが，この両者の微小の程度に差がある．数学的には $\dot{y}$ は(Δt を含む) 1 次の微小量，y は(Δt^2 を含む) 2 次の微小量とよばれ，通常 1 次の微小量を残して，2 次の微小量を無視する．このときの Δt 時間前後の速度と変位の状態を表 9.1 に示す．

表 9.1 Δt 時間前後の速度と変位

	$t = 0$	$t = \Delta t$
速度	$\dot{y} = 0$	$\dot{y} = \dfrac{P_0}{m}\Delta t$
変位	$y = 0$	$y = 0$

これより，Δt 時間後の運動は減衰 $= 0$ の場合を例にとると，自由振動の式(9.7)の積分定数をこの表の $t = \Delta t$ における初期条件のもとで決定すればよいが，応答時間 t に比べて Δt が非常に小さい値であれば，Δt 時間後の状態を $t = 0$ の状態として取り扱ってもよい．たとえば，$\Delta t = 0.01$ 秒として $t = 0.01$ 秒より 10 秒間の応答を求める場合，$\Delta t = 0.01$ 秒を近似的に $t = 0$ の状態としても問題とならないことは理解できるだろう(たとえば，ゴルフボールの運動を考えるとき，経過時間はクラブがボールをたたく前後のどちらを出発点としても問題にならない)．

通常，インパルス応答はインパルス作用後のことを述べているので，表中の $t = \Delta t$ における変位と速度を $t = 0$ におけるものとして自由振動を求めればよい(例題 9.1，9.2 参照)．

例題 9.1 図 9.3 (a) に示すバネ k と質量 m の系に，図 (b) のインパルスが作用した場合の質点の応答を求めよ．

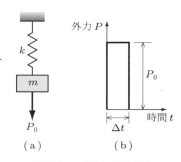

図 9.3 1 自由度系と外力

解 この系の自由振動の変位は，式 (6.9) より
$$y = C\cos\omega_n t + D\sin\omega_n t \tag{9.7}$$
となり，速度は式 (9.7) を 1 階微分して得られて，
$$\dot{y} = -\omega_n C\sin\omega_n t + \omega_n D\cos\omega_n t \tag{9.8}$$
と表される．$t = 0$ で $y = 0$, $\dot{y} = P_0\Delta t/m$ の初期条件を用いると，
$$C = 0, \quad D = \frac{P_0\Delta t}{m\omega_n}$$
であるから，これを用いて応答は次式となる．
$$y = \frac{P_0\Delta t}{m\omega_n}\sin\omega_n t \tag{9.9}$$

例題 9.2 図 9.1 に示す質量 m，ダッシュポット c，バネ k の振動系に，外力 P_0 が Δt 時間作用した場合の質点の応答を求めよ．

解 この系の自由振動の応答は，式 (7.18) より
$$y = Ae^{-h\omega_n t}\sin\left(\sqrt{1-h^2}\,\omega_n t + \phi\right) \tag{9.10a}$$
$$\dot{y} = A(-h\omega_n)e^{-h\omega_n t}\sin\left(\sqrt{1-h^2}\,\omega_n t + \phi\right)$$
$$\quad + A\sqrt{1-h^2}\,\omega_n e^{-h\omega_n t}\cos\left(\sqrt{1-h^2}\,\omega_n t + \phi\right) \tag{9.10b}$$
となる．$t = 0$ で $y = 0$, $\dot{y} = P_0\Delta t/m$ の初期条件を用いると，
$$\phi = 0$$
$$A = \frac{P_0\Delta t}{m\omega_n\sqrt{1-h^2}}$$
となるから，これを用いて応答は次式となる．
$$y = \frac{P_0\Delta t}{m\omega_n\sqrt{1-h^2}}e^{-h\omega_n t}\sin\left(\sqrt{1-h^2}\,\omega_n t\right) \tag{9.11}$$

(3) インパルス応答はどんな場合に使えるか

単位の 力積 = (力) × (時間) = 1 による振動系の応答を $g_1(t)$ と表せば，$\overline{P} = P_0\Delta t$ による振動系の応答 y は，
$$y = \overline{P}g_1(t) \tag{9.12}$$

9.2 ステップ外力による応答　**77**

となる．この $g_1(t)$ を，**単位インパルス応答**(unit impulse response)とよぶ．式(9.9)
〜(9.11)で求められる応答は，$\overline{P} = P_0\Delta t$ に比例する．たとえば，表9.2の各ケース
では，$\overline{P}$ の値が同じであるから応答も同じである．ただし，上述の解析は，外力がイ
ンパルスであるという仮定，すなわち，Δt が微小時間で，この時間中に生じる変位
y と速度 $\dot{y}$ とが微小であるために，式(9.1)中の復元力 ky と粘性減衰力 $c\dot{y}$ が慣性力
$m\ddot{y}$ に比べて無視できるという仮定が前提となっている．

表9.2　単位インパルス

ケース	P_0	Δt [s]
1	1	1
2	10	0.1
3	100	0.01

表9.3　固有周期の変化

ケース	m [kg]	k [N/m]	T_n [s]
(a)	100	980	2.007
(b)	10	9800	0.2007
(c)	1	98000	0.02007

外力がインパルスとして取り扱えるか否かは，Δt と振動系の固有周期 T_n の比較よ
り判断する必要がある．これは，固有周期 T_n の小さいときは固有振動数が大きく外
力に対して素早い反応をするのに対し，T_n の大きいときはゆっくりとした反応しか示
さないためである．たとえば，図9.3の振動系で，質量 m，バネ定数 k が与えられ，
これより固有周期 T_n が表9.3のように与えられたとする．この場合，表9.3のケー
ス(b)，(c)の振動系に対しては，表9.2に示される外力は全部インパルスとして取り
扱うのは無理である．表9.3のケース(a)の振動系では，表9.2のケース2，3の外力
はインパルスとして取り扱うことができよう．インパルス的取扱いが，どの範囲にお
いて可能かについて厳密に定義できないが，おおよそ $\Delta t < 0.1T_n$ 程度の関係は満足
する必要がある．

9.2　ステップ外力による応答

図9.4 (b)に示す**ステップ関数**(unit step function)で与えられる外力は，前述のイ
ンパルス外力が無限個連続していると考えられるので，インパルス応答を積分して求
められる．この外力による系の応答 $g_2(t)$ を，**単位ステップ応答**とよぶ．図9.4 (a)に
おいて，$t = \tau$ なる時刻に，$1 \cdot \Delta\tau$ なる力積(網かけ部)が作用した場合，時刻 t にお
ける応答 Δg_1 は

$$\Delta g_1(t) = 1 \cdot g_1(t - \tau)\Delta\tau \tag{9.13}$$

となる．単位ステップ外力は，単位の大きさの網かけ部の力が $t - \tau$ の間に連続して
作用する力と考えてよいので，Δg_1 を積分して

$$g_2(t) = \int_0^t g_1(t - \tau)d\tau \tag{9.14}$$

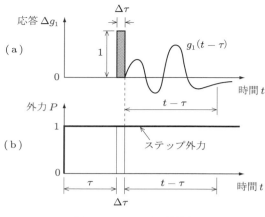

図 9.4 ステップ関数外力

となる．

例題 9.3 図 9.3（a）の振動系に，ステップ関数の外力 P_0 が作用するときの系の応答を求めよ．

解 この振動系の単位インパルス応答は式(9.9)より

$$g_1(t) = \frac{1}{m\omega_n}\sin\omega_n t \tag{9.15}$$

となるから，これを式(9.14)に代入して次式となる．

$$y = g_2(t)P_0 = \frac{P_0}{m\omega_n}\int_0^t \sin\omega_n(t-\tau)d\tau = \frac{P_0}{m\omega_n{}^2}(1-\cos\omega_n t)$$
$$= \frac{P_0}{k}(1-\cos\omega_n t) \tag{9.16}$$

例題 9.4 図 9.3（a）の系に P_0 のステップ外力が作用するときの質点の運動を，運動方程式を直接解いて求めよ．ただし，$t=0$ で変位，速度ともに零とする．

解 この問題は次のように，微分方程式を直接解いて求められる．この系の運動方程式は，式(8.2)において，減衰項 $c=0$，右辺の外力 P_0 を一定にすればよい．

$$m\ddot{y} + ky = P_0$$

この微分方程式は，

$$y = z + \frac{1}{k}P_0$$

と変数を置き換えることにより，式(6.5)と同じタイプの式となる．

$$m\ddot{z} + kz = 0$$

この解は式(6.9)を参照して,

$$z = y - \frac{P_0}{k} = A\sin\omega_\mathrm{n} t + B\cos\omega_\mathrm{n} t$$

となる.$t=0$で$y=0$,$\dot{y}=0$の条件より,$A=0$,$B=-P_0/k$.これより次式となる.

$$y = \frac{P_0}{k}(1 - \cos\omega_\mathrm{n} t)$$

9.3 不規則外力を受ける振動系の応答

われわれが日常生活で経験する外力は,地震・風などによる不規則外力が大半である.前節でインパルスに対する応答の求め方を知ったので,これらを不規則な外力に応用することを考える.

不規則外力$P(t)$を図9.5(a)に示すような連続したインパルスと考える.時間間隔$\Delta\tau$に対して,時刻τのインパルスは$P(\tau)\Delta\tau$で,これによる系の時刻tにおける応答$y(t)$は次式により与えられる(式(9.14)を$P(\tau)$倍したもの).

$$y(t) = \int_0^t P(\tau) g_1(t-\tau) d\tau \tag{9.17}$$

これは外力$P(t)$による応答を,初期条件$t=0$において,$\dot{y}=y=0$として求めている.もし,初期条件が,

$$t=0 \text{ において } \dot{y} = v_0, \qquad y = y_0$$

の場合には,この初期条件を満足する自由振動を付け加える必要がある.この自由振動は,たとえば式(7.19)の積分定数を決定することにより求められる(例題9.7参照).

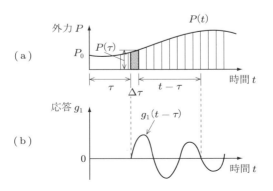

図9.5 不規則外力(インパルス外力)

例題 9.5 図 9.3 (a) に示す系に，図 9.6 の P_0 の一定荷重が t_1 の間作用するときの質点の運動を求めよ．初期条件は，$t = 0$ で変位，速度ともに零とする．

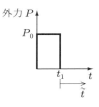

図 9.6 一定外力

解 $t \leq t_1$ における運動は，式 (9.16)（または例題 9.4）に与えられている．

$$y_1 = \frac{P_0}{k}(1 - \cos \omega_n t), \qquad \omega_n = \sqrt{\frac{k}{m}}$$

$t > t_1$ では外力 $= 0$ の自由振動となる．このときの初期条件は，$0 \sim t_1$ 時間の t_1 時刻における変位 y_{t_1}，速度 $\dot{y}_{t_1}$ である．上式より

$$y_{t_1} = \frac{P_0}{k}(1 - \cos \omega_n t_1)$$

$$\dot{y}_{t_1} = \frac{P_0}{k} \omega_n \sin \omega_n t_1$$

となる．この初期条件の自由振動は，時刻 $\tilde{t} = t - t_1$ において次式となる（例題 6.1 参照）．

$$\tilde{y}_2 = y_{t_1} \cos \omega_n \tilde{t} + \frac{\dot{y}_{t_1}}{\omega_n} \sin \omega_n \tilde{t}$$

例題 9.6 図 9.3 (a) の系で質量 $m = 60$ kg，バネ定数 $k = 1.96$ kN/m とする．この質量に，$P_0 = 294$ N の力を $\Delta t = 0.1$ 秒間作用させ，その後自由振動させたとき，バネ固定点に作用する最大の力を求めよ．ただし，重りの自重による力は無視する．

解 この振動系の固有角速度 ω_n，固有周期 T_n は

$$\omega_n = \sqrt{\frac{k}{m}} = \sqrt{\frac{1960}{60}} = 5.715 \text{ rad/s}, \qquad T_n = 1.0994 \text{ s}$$

(1) $t \leq 0.1$

外力の作用時間 $\Delta t = 0.1$ 秒を系の固有周期 $T_n = 1.0994$ 秒に比べて微小と考え，インパルス応答として式 (9.5) より変位応答を求めてもよいが，厳密に求めるためにここでは例題 9.3 により，ステップ外力による応答として求める方法について述べる．

例題 9.3 の解より，

$$y_1 = \frac{P_0}{k}(1 - \cos \omega_n t) = 0.15(1 - \cos 5.715 t) \text{ [m]}$$

となる．このバネに作用する力は（バネ定数）×（伸び）で与えられる（式 (5.2) 参照）．この場合，（バネに作用する力）＝（バネ固定点に作用する力）である．これより，バネ固定点に作用する力 R_1 は，

$$R_1 = k y_1 = 1960 \times 0.15(1 - \cos 5.715 t) = 294(1 - \cos 5.715 t) \text{ [N]}$$

(2) $t > 0.1$

$t = 0.1$ 秒における変位 y_{t_1}，速度 $\dot{y}_{t_1}$ を求めると $t = 0.1$ より

9.3 不規則外力を受ける振動系の応答 **81**

$$y_{t_1} = \frac{P_0}{k}(1 - \cos \omega_n t_1) = \frac{294}{1960}(1 - 0.8411) = 0.02384 \text{ m}$$

$$\dot{y}_{t_1} = \frac{P_0}{k}\omega_n \sin \omega_n t_1 = \frac{294}{1960} \times 5.715 \times 0.5409 = 0.4637 \text{ m/s}$$

となる．$t = 0.1$ 秒以後の自由振動は上の初期条件を式(6.11)に代入して，

$$y_2 = y_{t_1} \cos \omega_n t + \frac{\dot{y}_{t_1}}{\omega_n} \sin \omega_n t \text{ [m]}$$

$$y_2 = 0.02384 \cos \omega_n t + 0.08114 \sin \omega_n t \text{ [m]}$$

となる．この自由振動によるバネ固定点の力 R_2 は，

$$R_2 = ky_2 = 46.73 \cos \omega_n t + 159.0 \sin \omega_n t = \sqrt{46.73^2 + 159.0^2} \sin(\omega_n t + \phi)$$

$$= 165.7 \sin(\omega_n t + \phi)$$

となり，

R_1 の最大値は　$ky_{t_1} = 1960 \times 0.02384 = 46.73$ N

R_2 の最大値は　165.7 N

となる．これより，外力 $P_0 = 294$ N に対して，重りとバネの系を通じて基礎(固定点)に伝わる力は最大 165.7 N と，ほぼ半減することがわかる．

例題 9.7 図 9.3 (a) の系で $P_0 \sin \omega t$ の外力が作用するときの応答を，単位インパルス応答を用いて解け．ただし，初期条件は $t = 0$ で速度 $\dot{y} = v_0$，変位 $y = y_0$ とする．

解　この系の単位インパルス応答は式(9.15)より，

$$g_1(t) = \frac{1}{m\omega_n} \sin \omega_n t$$

となる．式(9.17)に使用して次式となる．

$$y(t) = \int_0^t P(\tau)g_1(t - \tau)d\tau = \frac{P_0}{m\omega_n} \int_0^t \sin \omega\tau \cdot \sin \omega_n(t - \tau)d\tau$$

$$= \frac{P_0}{2m\omega_n} \int_0^t [\cos\{(\omega + \omega_n)\tau - \omega_n t\} - \cos\{(\omega - \omega_n)\tau + \omega_n t\}]d\tau$$

$$y = \frac{P_0}{k} \frac{1}{1 - \left(\frac{\omega}{\omega_n}\right)^2} \left(\sin \omega t - \frac{\omega}{\omega_n} \sin \omega_n t\right)$$

この解は例題 8.3 で得られたものと同じだが，これを求めた初期条件は，$t = 0$ で $y = \dot{y} = 0$ であるので，与えられた初期条件を満たす自由振動を付け加えることが必要である．自由振動は式(6.9)で与えられている．この積分定数 C, D を求めれば式(6.11)となり，求める応答は次式となる．

$$y = y_0 \cos\omega_\mathrm{n} t + \frac{v_0}{\omega_\mathrm{n}} \sin\omega_\mathrm{n} t + \frac{P_0}{k} \frac{1}{1-\left(\dfrac{\omega}{\omega_\mathrm{n}}\right)^2} \left(\sin\omega t - \frac{\omega}{\omega_\mathrm{n}}\sin\omega_\mathrm{n} t\right)$$

演習問題

1. インパルス応答とは何か．説明せよ．

2. 図 9.7（a）の 1 質点系に，図（b）のようなインパルスが作用したときの質点の変位応答 y を，次の手順に従って求めよ．ただし，図（a）で $k=800$ N/m，$m=200$ kg とする．

（1）自由振動しているときの運動方程式とその解を求めよ．
（2）インパルスを初期条件に変換するとき，$t=0$ での初期条件を記せ．
（3）（2）の条件を用いて自由振動の積分定数を定めよ．
（4）インパルス応答を求めよ．

3. 図 9.7（a）で，$k=400$ N/m，$m=100$ kg のとき，図（c）のようなステップ外力が作用するときの系の変位応答 y を求めよ．

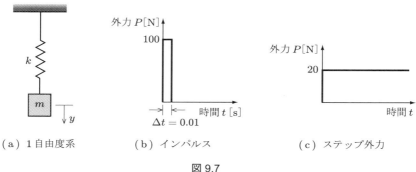

（a）1 自由度系　　（b）インパルス　　（c）ステップ外力

図 9.7

第10章
2自由度(多自由度)系の自由振動

複雑な構造物の基礎となる2自由度系を学ぶ

　構造物の振動解析では，数個～数百個，多いときには数千個の質点を取り扱う．この質点の個数と自由度数とは必ずしも一致しない．ここでは，多質点系を取り扱う入門的段階として，まず2質点2自由度の振動系を対象とし，これの運動方程式の誘導と解析について述べる．この2自由度系に対する解析手法は，数百の質点をもつ複雑な振動系に対してもまったく同じであるので，ここで述べる解析過程をよく理解しておく必要がある．

10.1　自由度2の振動モデルの例示

　図10.1 (a)，(b)に与えられる振動系の質点数はいずれも2個で，その質点の動きは，図中の水平方向の変位 y_1, y_2 により表せるので，これらの振動系の自由度はいずれも2である．図(c)の系では，これまで取り扱った(質量)×(加速度)による慣性

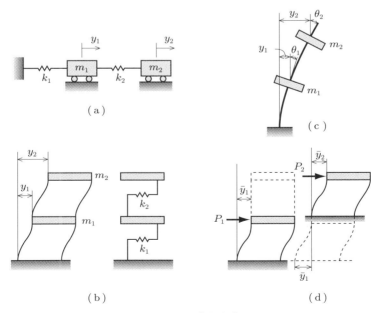

図10.1　2自由度系

84 第10章 2自由度(多自由度)系の自由振動

力(式(6.1)参照)以外に, 一般にたわみ角 θ_1, θ_2 の角加速度($\ddot{\theta}_1$, $\ddot{\theta}_2$)と回転慣性 I_1, I_2 (m_1, m_2 の部分に対して)との積による回転慣性力 $I_1\ddot{\theta}_1$, $I_2\ddot{\theta}_2$ (これはモーメント荷重として作用する)を考慮する必要がある *. この場合, この系の変形量は y_1, y_2, θ_1, θ_2 の4個でこの系の自由度は4である. しかし, I_1 と I_2 が十分に小さくて無視できるときには, 自由度2(y_1, y_2)となる. **自由度数と変形量の個数(y_1, y_2 など)とは一致している.**

(1) モデル(a)と(b)は力学的に同じ振動系

図10.1 (b)の2層のラーメン構造は, 図(a)のバネと質点の結合体と力学的に同じタイプの振動系であることを述べる.

図(a)のモデルでは k_1, k_2 のバネが伸縮し, その復元力($=$(バネ定数)$\times$(伸縮量))が m_1, m_2 に作用する(図10.3 (a)参照). ここで, 大切なことはそれらの力はバネ両端の変位差($=$バネの伸縮量)のみによって表されることである. たとえば, バネ k_1 の復元力には y_2 は含まれていない. このことがモデル(b)についていえるとよい.

このラーメン構造は解析の際,

① 柱の伸縮は質点の変位量 y_1, y_2 と比較して微小なものとして無視する.
② 床(図中グラデーション部分)の曲げ剛性は無限大の剛体である(剛体とは, 非常に硬くてその変形をまったく考える必要がない物体を意味する).

の仮定が一般に使用される. これは, 超高層でない通常のビルディングに対し一般的に成り立つ. この仮定のもとではラーメンは次の変形をする.

③ 柱の伸縮を無視しているので, 床(質点 m_1, m_2)は水平方向に剛体のまま変位をする.
④ 水平のまま剛体変位する床は柱と剛に結合され, 図(b)のように柱は床との接触部でつねに鉛直を保つ(柱のたわみ角 $\theta = 0$).

上述の③, ④の変形を仮定すると, 各層の柱の両端でたわみ角 $\theta = 0$ という同一条件が成立するので, 各層の相対変位をその上下の変位量 y_1, y_2 のみを用いて表すことができる. もし, 図(c)のように柱と床の結合部で質点 m_1, m_2 が回転を生じ, $\theta \neq 0$ であれば, θ_1 と θ_2 の変化は層の変位 y_1 と y_2 に影響を与える. たとえば, θ_1 を変化させると y_1 と y_2 が変化する. この $\theta_1 = \theta_2 = 0$ としたのがモデル(b)と考えればよい. このように考えると図(a), (b)の系は, 水平方向の運動に関する限り, 復

---

* はりの曲げ剛性を表すのに使用される EI の I (断面2次モーメント)と回転慣性 I とは一般に同じ記号が使用されるが, これらはまったく異なるものである. 本書では回転慣性 I に関することは取り扱わないので, この回転慣性力が理解しにくいときには飛ばして読んでもらってよい.

元力・慣性力ともにまったく同じタイプであることは容易に理解できるだろう．これに対し，図 (c) の振動モデルは，一般に超高層ビルディングのように細長い構造物に対応するものであって，これは図 (b) のラーメンで，柱間隔が小さくて柱が伸縮し，このために床の回転を考える必要がある場合に用いられる．

（2） 柱の等価バネ定数の決定

図 10.1 (b) の柱の復元力は柱の層間の相対変位によって支配されるので，これをバネの復元力として等価的に置換することを考える．これができれば，図 (b) のラーメンは図 (a) のモデルで表される．バネ定数 k_1, k_2 は，図 (d) のように各層ごとに独立した 1 層のラーメンに水平力 P_i ($i = 1, 2$) を作用させ，そのときの水平変位を $\overline{y}_1$, $\overline{y}_2$ とすると次式より求められる (図 5.4 (b) 参照)．

$$k_i = \frac{P_i}{\overline{y}_i} \quad (i = 1, 2)$$

ただし，この k_i は図 (d) のラーメンを直接解かなくても，次の例題 10.1 のように求められる．

例題 10.1 図 10.2 (a) のラーメンの水平方向のバネ定数 k を求めよ．

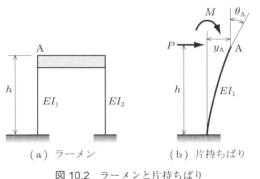

(a) ラーメン　　　　(b) 片持ちばり

図 10.2　ラーメンと片持ちばり

解　このラーメンの柱は両端で (たわみ角) $= 0$ であるので，この条件のもとで左側柱 (曲げ剛性 EI_1) のバネ定数 k_1 を求めることを考える．図 (b) のように，片持ちばりに力 P とモーメント荷重 M を作用させ，たわみ角 $\theta_A = 0$ の条件のもとで，A 端の変位 y_A を求める．力 P とモーメント荷重 M が作用するとき，A 端のたわみ y_A とたわみ角 θ_A は，

$$y_A = \frac{Ph^3}{3EI_1} + \frac{Mh^2}{2EI_1}, \qquad \theta_A = \frac{Ph^2}{2EI_1} + \frac{Mh}{EI_1}$$

となる．$\theta_A = 0$ より

$$M = -\frac{Ph}{2}$$

であり，このとき y_A は

$$y_A = \frac{Ph^3}{3EI_1} - \frac{Ph^3}{4EI_1} = \frac{Ph^3}{12EI_1}$$

となる．これより，柱 EI_1 のバネ定数 k_1 は例題 5.3 を参照して

$$k_1 = \frac{P}{y_A} = \frac{12EI_1}{h^3}$$

となるから，両側の柱 EI_1，EI_2 によるバネ定数 k は

$$k = k_1 + k_2 = \frac{12E}{h^3}(I_1 + I_2)$$

となる．

10.2　2自由度系の自由振動を考える

図 10.3（a），（b）の振動系において，質点 m_1 と m_2 とがそれぞれ y_1 と y_2（ただし，$y_2 > y_1$ とする）だけ右側に移動した瞬間を考える．このとき，バネ k_1，k_2 の伸びはそれぞれ y_1，$y_2 - y_1$ であり，その復元力は式(5.2)より $k_1 y_1$，$k_2(y_2 - y_1)$ となる．この伸びたバネは元の自然長に戻ろうとするので，質点には引き戻す力（図中の矢印方向の復元力）が作用する．変位の方向に正の力をとると（6.1節の補足説明参照），運動方程式は式(6.1)の右辺に質点に作用するバネの復元力を使用して，次のように得られる．質点に作用する力について運動方程式を誘導できることが大切である．

$$\left.\begin{array}{l} m_1 \ddot{y}_1 = -k_1 y_1 + k_2(y_2 - y_1) \\ \quad\rightarrow \quad\quad \leftarrow \quad\quad \rightarrow \\ m_2 \ddot{y}_2 = -k_2(y_2 - y_1) \\ \quad\rightarrow \quad\quad \leftarrow \end{array}\right\} \quad (10.1)$$

ここに，矢印は力の向きを表す．これを整理して

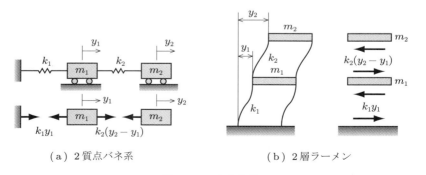

（a）2質点バネ系　　　　　　（b）2層ラーメン

図 10.3　2自由度系

10.2 2自由度系の自由振動を考える **87**

$$\left.\begin{array}{l} m_1\ddot{y}_1 + (k_1+k_2)y_1 - k_2y_2 = 0 \\ m_2\ddot{y}_2 - k_2y_1 + k_2y_2 = 0 \end{array}\right\} \tag{10.2}$$

となる．ここで，上式を次のように書き換える．

$$\left.\begin{array}{l} m_1\ddot{y}_1 + k_{11}y_1 + k_{12}y_2 = 0 \\ m_2\ddot{y}_2 + k_{21}y_1 + k_{22}y_2 = 0 \end{array}\right\} \tag{10.3}$$

ただし，

$$\left.\begin{array}{ll} k_{11} = k_1+k_2, & k_{12} = -k_2, \\ k_{21} = -k_2, & k_{22} = k_2 \end{array}\right\} \tag{10.4}$$

である．これをマトリックスで表現すると

$$\begin{bmatrix} m_1 & 0 \\ 0 & m_2 \end{bmatrix} \begin{Bmatrix} \ddot{y}_1 \\ \ddot{y}_2 \end{Bmatrix} + \begin{bmatrix} k_{11} & k_{12} \\ k_{21} & k_{22} \end{bmatrix} \begin{Bmatrix} y_1 \\ y_2 \end{Bmatrix} = \begin{Bmatrix} 0 \\ 0 \end{Bmatrix} \tag{10.5}$$

となり，さらに簡単に以下のように表す．

$$\boldsymbol{M}\ddot{\boldsymbol{y}} + \boldsymbol{K}\boldsymbol{y} = \boldsymbol{0} \tag{10.6}$$

ここに，

$$\boldsymbol{M} = \begin{bmatrix} m_1 & 0 \\ 0 & m_2 \end{bmatrix}, \qquad \boldsymbol{K} = \begin{bmatrix} k_{11} & k_{12} \\ k_{21} & k_{22} \end{bmatrix} \tag{10.7}$$

$$\ddot{\boldsymbol{y}} = \begin{Bmatrix} \ddot{y}_1 \\ \ddot{y}_2 \end{Bmatrix}, \qquad \boldsymbol{y} = \begin{Bmatrix} y_1 \\ y_2 \end{Bmatrix} \tag{10.8}$$

である．ここで，$\boldsymbol{M}$ は**質量マトリックス**(mass matrix)，$\boldsymbol{K}$ は**剛性マトリック
ス**(stiffness matrix)，$\boldsymbol{y}$ は**変位ベクトル**(displacement vector)，$\ddot{\boldsymbol{y}}$ は**加速度ベクト
ル**(acceleration vector)とよぶ*．また，$\dot{\boldsymbol{y}}$ は**速度ベクトル**(velocity vector)である．
ここでの剛性マトリックスは，図 10.3 (a) の力のつり合いより求めているが，一般的
には静力学のマトリックス法による剛性マトリックスを用いればよい．

この2質点系の自由振動を求めてみよう．各質点は同じ振動数で，互いの間に位相
差なく振動すると考え**，y_1 と y_2 とを次式で表す．

$$y_1 = Y_1\sin\omega t \tag{10.9a}$$

$$y_2 = Y_2\sin\omega t \tag{10.9b}$$

式(10.9a, b)を式(10.3)に代入すると，

---

* 太字はマトリックスまたは列ベクトルを，{ } は列ベクトルを表す．
** このように考えても実際の現象と矛盾はない．また，どのように考えても最終的には式(10.3)の運動方程式
　が数学的に解ければよい．

88　第 10 章　2 自由度(多自由度)系の自由振動

$$(k_{11} - \lambda m_1)Y_1 + k_{12}Y_2 = 0 \tag{10.10a}$$

$$k_{21}Y_1 + (k_{22} - \lambda m_2)Y_2 = 0 \tag{10.10b}$$

ここに，$\lambda = \omega^2$ である．これをマトリックスで表現すると，

$$\begin{bmatrix} k_{11} - \lambda m_1 & k_{12} \\ k_{21} & k_{22} - \lambda m_2 \end{bmatrix} \begin{Bmatrix} Y_1 \\ Y_2 \end{Bmatrix} = \boldsymbol{0} \tag{10.11}$$

または，$\boldsymbol{K}$ と $\boldsymbol{M}$ とを使用して，

$$(\boldsymbol{K} - \lambda \boldsymbol{M})\boldsymbol{Y} = \boldsymbol{0} \tag{10.12}$$

となる．式(10.10a)～(10.12)は，右辺がともに零の同次方程式である．Y_1 と Y_2 がともに零であれば，両質点の振動変位はいつも零である．これは振動しない静止の状態となり，解としては無意味である．Y_1 と Y_2 が同時に零でない解をもつためには，Y_1 と Y_2 の係数行列式が零という数学的条件が必要になる*．つまり，

$$\begin{vmatrix} k_{11} - \lambda m_1 & k_{12} \\ k_{21} & k_{22} - \lambda m_2 \end{vmatrix} = 0 \tag{10.13}$$

である．この式を展開すると，

$$m_1 m_2 \lambda^2 - (m_2 k_{11} + m_1 k_{22})\lambda + k_{11}k_{22} - k_{12}k_{21} = 0 \tag{10.14}$$

となる．式(10.14)を満足する $\lambda \,(= \lambda_\mathrm{n})$ を**固有値**とよび，固有円振動数 ω_n が $\omega_\mathrm{n} = \sqrt{\lambda_\mathrm{n}}$ より得られる．式(6.15)により，ω_n から固有振動数 f_n が求められる．この固有振動数(または固有値)を求める式のことを，**振動数方程式**(frequency equation)とよぶ．式(10.13)または式(10.14)のどちらを振動数方程式とよんでもよい(数学的表現が異なっているだけである)．

　式(12.14)は λ の 2 次方程式であり，これの判別式 D は，

$$D = (m_2 k_{11} + m_1 k_{22})^2 - 4m_1 m_2(k_{11}k_{22} - k_{12}k_{21})$$

$$= (m_2 k_{11} - m_1 k_{22})^2 + 4m_1 m_2 k_{12}k_{21} > 0$$

となるので，二つの実根が得られる．これより固有値が二つ存在することがわかる．減衰がない場合，どんな構造物(多質点系)でも実根しかない．小さいほうの固有値より $\lambda_1 \,(= \omega_1{}^2)$，$\lambda_2 \,(= \omega_2{}^2)$ とし，ω_1，ω_2 を 1 次，2 次の固有円振動数とよぶ．また，$f_1 = \omega_1/(2\pi)$，$f_2 = \omega_2/(2\pi)$ を 1 次，2 次の固有振動数という．実際には λ_1，λ_2 を用い，1 次，2 次の固有値とよぶことも多い．いま，λ_1 を式(10.10a)に代入すると，Y_1 と Y_2 の比が得られる．式(10.13)を満足する λ_1，λ_2 に対して式(10.10a)と式

---

* この数学的条件は線形代数で学ぶことであるが，このこと自体について深く理解しなくてもよい．この条件が存在することを知っていれば十分である．

$(10.10b)$ とは独立($=$ 無関係)でないので，λ_1 を式$(10.10b)$ に代入しても同じ比が得られる*. すなわち，

$$\left(\frac{Y_1}{Y_2}\right)_{\lambda_1} = \frac{Y_{11}}{Y_{12}} = \frac{-k_{12}}{k_{11} - \lambda_1 m_1} \tag{10.15}$$

となり，λ_2 を使用すると

$$\left(\frac{Y_1}{Y_2}\right)_{\lambda_2} = \frac{Y_{21}}{Y_{22}} = \frac{-k_{12}}{k_{11} - \lambda_2 m_1} \tag{10.16}$$

と表せる．ここに，**第 1 添字は振動次数，第 2 添字は質点の位置**である**.

式(10.15)，(10.16) は，式$(10.10a)$ を使用した結果であるが，式$(10.10b)$ に代入しても同じ比が得られる．この振幅比が与えられれば，自由振動の変形状態がわかる．たとえば，Y_1 と Y_2 のどちらかに任意の値を与えれば，ほかの一つが決定できる．この変形状態を**自由振動モード**とよぶ．振動モードは，理論的にはその変形状態(Y_1 と Y_2 との比)が大切であって，その振幅の大きさは一般に任意でよい．時計の振子の場合，振幅が変化しても振動数は変化しないのと同じである***.式(10.15)，(10.16) よりわかるように，振動数が変化すると振動モードも変化する．

このように，Y_1 と Y_2 の比が与えられると，式(10.9) により 1 次，2 次の任意の大きさの自由振動は次式により表される．

$$\left.\begin{array}{l}
\left.\begin{array}{l}
y_{11} = C_1 Y_{11} \sin \omega_1 t \\
y_{12} = C_1 Y_{12} \sin \omega_1 t
\end{array}\right\} \text{1 次の自由振動} \\
\left.\begin{array}{l}
y_{21} = C_2 Y_{21} \sin \omega_2 t \\
y_{22} = C_2 Y_{22} \sin \omega_2 t
\end{array}\right\} \text{2 次の自由振動}
\end{array}\right\} \tag{10.17}$$

ここに，C_1，C_2 は 1 次，2 次の振動モードの大きさを表す定数で，自由振動モードだけを考えるならその大きさは任意でよい．

振動系としての自由振動は，初期条件と外力の大きさによって 1 次，2 次の自由振動の発生の大きさが決定される(第 11 章演習問題 1 参照)．

また，これまでの式を解く過程で，sin の代わりに cos としてもよいことが理解できるだろう．

10.3　基準振動モードの約束

振動モードの大きさは任意でよいが，とくにある点の振幅を 1 として他点の振幅の大きさを決めた振動モード(Y_1 と Y_2 の比)は，**基準振動モード**とよばれる．実際に多

---

* 線形代数で学ぶことであるが，このようなことがあることだけを知っていればよい．
** ほかの専門書では第 1 添字は質点の位置，第 2 添字は振動次数になっている場合もあり，注意が必要である．
*** 微小振動についてのみいえることで，大振幅の場合は異なってくる．

90 第 10 章　2 自由度(多自由度)系の自由振動

く使用されるのは 10.4 節で述べる**正規化モード**であるが，例題 10.2 により振動モードの決め方を理解してほしい．また，1 次，2 次の固有円振動数 ω_1，ω_2（または，λ_1，λ_2）に対応する基準振動モードを，1 次，2 次の基準振動モードという．式(10.15)，(10.16)より基準振動モードを求めるには，たとえば各式の分母(Y_{12} または Y_{22})を 1 とすればよい．

例題 10.2　図 10.3（b）の振動系で，$m_1 = m_2 = m$，$k_1 = k_2 = k$ のときの固有振動数・基準振動モードを求めよ．

解　式(10.14)は次式となる．

$$m^2\lambda^2 - 3mk\lambda + k^2 = 0 \tag{10.18}$$

これを解いて，

$$\left.\begin{array}{l} \omega_1 = \sqrt{\lambda_1} = \sqrt{\dfrac{3k - \sqrt{5}k}{2m}} = \sqrt{\dfrac{3 - \sqrt{5}}{2}}\sqrt{\dfrac{k}{m}} = 0.618\sqrt{\dfrac{k}{m}} \\[4mm] \omega_2 = \sqrt{\lambda_2} = \sqrt{\dfrac{3k + \sqrt{5}k}{2m}} = \sqrt{\dfrac{3 + \sqrt{5}}{2}}\sqrt{\dfrac{k}{m}} = 1.618\sqrt{\dfrac{k}{m}} \end{array}\right\} \tag{10.19}$$

となる．固有振動数 f_1，f_2 と固有周期 T_1，T_2 は，

$$f_1 = \frac{1}{T_1} = \frac{\omega_1}{2\pi} = \frac{1}{2\pi} \times 0.618\sqrt{\frac{k}{m}} = 0.0984\sqrt{\frac{k}{m}}$$

$$f_2 = \frac{1}{T_2} = \frac{\omega_2}{2\pi} = \frac{1}{2\pi} \times 1.618\sqrt{\frac{k}{m}} = 0.2575\sqrt{\frac{k}{m}}$$

となる．式(10.19)の λ_1，λ_2 を式(10.15)，(10.16)に代入して，

$$\frac{Y_{11}}{Y_{12}} = \frac{k}{2k - \lambda_1 m} = \frac{1}{2 - \lambda_1 \dfrac{m}{k}} = \frac{1}{2 - 0.618^2} = 0.618 \tag{10.20a}$$

$$\frac{Y_{21}}{Y_{22}} = \frac{k}{2k - \lambda_2 m} = \frac{1}{2 - \lambda_2 \dfrac{m}{k}} = \frac{1}{2 - 1.618^2} = -1.618 \tag{10.20b}$$

となる．基準振動モードは次式のように表せる．

$$\left.\begin{array}{l} \boldsymbol{Y}_1 = \begin{Bmatrix} Y_{11} \\ Y_{12} \end{Bmatrix} = \begin{Bmatrix} 0.618 \\ 1.00 \end{Bmatrix} \quad 1 \text{ 次振動モード} \\[6mm] \boldsymbol{Y}_2 = \begin{Bmatrix} Y_{21} \\ Y_{22} \end{Bmatrix} = \begin{Bmatrix} -1.618 \\ 1.00 \end{Bmatrix} \quad 2 \text{ 次振動モード} \end{array}\right\}$$

この基準振動モードを図 10.4 に示す．

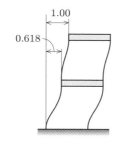 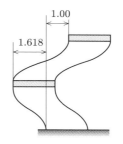

（a）1次の基準振動モード　　（b）2次の基準振動モード

図 10.4　基準振動モード

10.4　振動解析には正規化モードが必要

　自由振動の振幅の大きさは任意であるが，ある統一された方式に従って大きさを表す必要が生じる．しかし，上述の基準振動モードの場合，極端に大きな，または小さな振幅の点を基準として他点の振幅を決めると，全体に小さすぎる，または大きすぎる振動モードができる．このような不便をなくすため，また，後の解析に便利なように，後述の式（10.21）の条件を満足するように大きさを決める．この条件の物理的意味は式（10.31）を参照されたい．**一般に使用されるのはこの正規化モードである．**このようにして振幅の大きさを決めた振動モードを**正規化（振動）モード**（normalized mode of vibration）とよび，そのモード振幅を Φ_{ni} $(n, i = 1, 2)$ により表す[*]．ここに，n は振動次数を，i は質点の位置番号を示す．Φ_{ni} は次の**正規化条件**（normalizing condition）を満たす（式（10.31）参照）[**]．

$$\sum_{i=1}^{2} m_i \Phi_{ni}{}^2 = 1 \tag{10.21}$$

ここに，Φ_{ni} は式（10.17）の C_n $(n = 1, 2)$ の値を正規化条件を満足するように決めたときの，振動モードの大きさである．この C_n の値を求めてみよう．振動モードを考えるときは，式（10.17）で振幅が最大となる $\sin\omega_n t = 1$ $(n = 1, 2)$[***] の場合のみを考慮すればよいので，次式となる．

---

[*] Φ はギリシャ文字でファイと読む．
[**] ここで正規化条件に 1 を用いているのは，単に解析過程が便利である理由による．これは振動モードの変形により，振動系に蓄えられるエネルギー的な量を 1 としたことになる（式（10.31）参照）．
[***] ここで，ω_n の n は変数を表し，6.3 節の固有円振動数 ω_n とは異なるので注意する．

92　第 10 章　2 自由度（多自由度）系の自由振動

$$
\left.
\begin{array}{l}
\Phi_{11} = C_1 Y_{11} \\
\Phi_{12} = C_1 Y_{12}
\end{array}
\right\} \text{1 次の自由振動} \\
\left.
\begin{array}{l}
\Phi_{21} = C_2 Y_{21} \\
\Phi_{22} = C_2 Y_{22}
\end{array}
\right\} \text{2 次の自由振動}
\right\} \quad (10.22)
$$

式(10.21)に Φ_{11} と Φ_{12} を代入して，

$$
m_1 (C_1 Y_{11})^2 + m_2 (C_1 Y_{12})^2 = 1
$$

となる．C_2 についても同様に考えると，

$$
\left.
\begin{array}{l}
C_1 = \dfrac{1}{\sqrt{m_1 Y_{11}{}^2 + m_2 Y_{12}{}^2}} \\[3mm]
C_2 = \dfrac{1}{\sqrt{m_1 Y_{21}{}^2 + m_2 Y_{22}{}^2}}
\end{array}
\right\} \quad (10.23)
$$

この C_n の値を式(10.22)に使用すれば，1 次の正規化モード $\boldsymbol{\Phi}_1$，2 次の正規化モード $\boldsymbol{\Phi}_2$ が求められる．すなわち，

$$
\boldsymbol{\Phi}_1 = \left\{
\begin{array}{l}
\Phi_{11} \\
\Phi_{12}
\end{array}
\right\} = \frac{1}{\sqrt{m_1 Y_{11}{}^2 + m_2 Y_{12}{}^2}} \left\{
\begin{array}{l}
Y_{11} \\
Y_{12}
\end{array}
\right\} \quad (10.24a)
$$

$$
\boldsymbol{\Phi}_2 = \left\{
\begin{array}{l}
\Phi_{21} \\
\Phi_{22}
\end{array}
\right\} = \frac{1}{\sqrt{m_1 Y_{21}{}^2 + m_2 Y_{22}{}^2}} \left\{
\begin{array}{l}
Y_{21} \\
Y_{22}
\end{array}
\right\} \quad (10.24b)
$$

となる．

■**正規化モードのディメンジョン**　一般に，振動モードは振幅のディメンジョンをもつが（たとえば，式(10.17)または式(10.20)），正規化モードでは異なったものとなることに注意する．たとえば，Y_{ni} には cm の単位を，m_i には kg の単位を使用すると，Φ_{ni} は式(10.24)より $\mathrm{kg}^{-1/2}$ のディメンジョンをもつことがわかる．しかし，感覚的には図 10.4 に示した変形（振幅）と考えておいてよい．

例題 10.3　図 10.3 (b)の振動系で，各床の質量 $m = 1 \times 10^6$ kg，$k_1 = k_2 = k$ の場合の正規化モードを求めよ．

解　この例題では，式(10.20)よりわかるように，基準振動モードは，$m_1 = m_2 = m$，$k_1 = k_2 = k$ である限り，m と k を含まない形で得られることに注意する（ただし，固有円振動数 ω_1 と ω_2 は，式(10.19)より m と k の値によって変化する）．単位として，cm，kg，N を使用する．

式(10.19)に代入して

$$\omega_1 = \sqrt{\frac{3-\sqrt{5}}{2}}\sqrt{\frac{k}{1\times10^6}} = 0.618\times10^{-3}\sqrt{k}$$

$$\omega_2 = \sqrt{\frac{3+\sqrt{5}}{2}}\sqrt{\frac{k}{1\times10^6}} = 1.618\times10^{-3}\sqrt{k}$$

式(10.20)の基準振動モードは以下のように書ける.

$$Y_{11} = 0.618, \qquad Y_{21} = -1.618,$$

$$Y_{12} = 1.0, \qquad Y_{22} = 1.0 \qquad \text{単位：cm}$$

また，これらを式(10.23)に代入して，

$$C_1 = \frac{1}{\sqrt{mY_{11}{}^2 + mY_{12}{}^2}} = 8.51\times10^{-4}$$

$$C_2 = \frac{1}{\sqrt{mY_{21}{}^2 + mY_{22}{}^2}} = 5.26\times10^{-4}$$

となる．これより正規化モード Φ_{ni} は

$$\Phi_{11} = 5.26, \qquad \Phi_{21} = -8.51$$

$$\Phi_{12} = 8.51, \qquad \Phi_{22} = 5.26 \qquad (\times10^{-4}) \quad \text{単位：kg}^{-1/2}$$

となる.

10.5 振動モード間の直交性

異なった二つの振動モード相互間には，**直交性**(orthogonality)とよばれる重要な関係がある．これは，地震などの外力による応答を求めるときの運動方程式を巧妙に解く手段として使用される(11.3 節参照).

式(10.17)の自由振動モードを，式(10.10)に代入すると

$$\left.\begin{array}{l} k_{11}Y_{11} + k_{12}Y_{12} = \lambda_1 m_1 Y_{11} \\ k_{21}Y_{11} + k_{22}Y_{12} = \lambda_1 m_2 Y_{12} \end{array}\right\} \text{1 次振動} \qquad (10.25\text{a})$$

$$\left.\begin{array}{l} k_{11}Y_{21} + k_{12}Y_{22} = \lambda_2 m_1 Y_{21} \\ k_{21}Y_{21} + k_{22}Y_{22} = \lambda_2 m_2 Y_{22} \end{array}\right\} \text{2 次振動} \qquad (10.25\text{b})$$

となる．上式の物理的意味を考えてみよう．図 10.5 (b)* の 1 次の自由振動では質点 m_1, m_2 の最大振幅(変位)がそれぞれ Y_{11} と Y_{12} であり，この変形をはりに生じさせる力は，質点が 1 次の自由振動をすることにより生じる慣性力(＝（質量）×（振幅）×$\omega_1{}^2$)

---

* 図 10.3 (b)のモデルとは異なっているが，変形と力の関係はこのモデルのほうが理解しやすい．固有値と振動モードが与えられるときは，これらを使った理論の展開が大切であり，どんなモデルを対象にしているかは問題ではない.

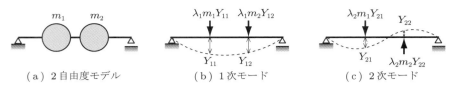

(a) 2自由度モデル　　(b) 1次モード　　(c) 2次モード

図 10.5　はりモデルと慣性力

であり，これは式(10.25a)の右辺で与えられる．この慣性力を静力学的にはりに作用させると，はりは振動モードと同じ変形を生じる(図(b))．これと同じことは，2次モードについても成り立つ(図(c))．式(10.25a, b)は，静的問題として考えたときに，モード変形を与えるのに必要な外力を右辺で表していることに注意しよう．

いま，1次振動の慣性力を作用させたまま，2次振動モードの変形(変位)を与えて仕事をさせると，その仕事(力 × 変位) E_1 は，

$$E_1 = (\lambda_1 m_1 Y_{11}) \times Y_{21} + (\lambda_1 m_2 Y_{12}) \times Y_{22} \tag{10.26}$$

となり，これに式(10.25a)を代入すると，

$$E_1 = k_{11}Y_{11}Y_{21} + k_{12}Y_{12}Y_{21} + k_{21}Y_{11}Y_{22} + k_{22}Y_{12}Y_{22}$$

となる．また，2次振動の慣性力を作用させたまま，1次振動の変形(変位)を与えて仕事をさせると，

$$E_2 = (\lambda_2 m_1 Y_{21}) \times Y_{11} + (\lambda_2 m_2 Y_{22}) \times Y_{12} \tag{10.27}$$
$$= k_{11}Y_{21}Y_{11} + k_{12}Y_{22}Y_{11} + k_{21}Y_{21}Y_{12} + k_{22}Y_{22}Y_{12}$$

となる．式(10.4)より $k_{12} = k_{21}$ である(剛性マトリックスは，この例だけでなくすべての構造物に対して対称マトリックス)から，$E_1 = E_2$ となる．ここでは，自由度2の場合に対して $E_1 = E_2$ となったが，多自由度の場合にも**ベティの法則**(Betti's law)より $E_1 = E_2$ が説明できる．また，$E_1 = E_2$ に式(10.26)，(10.27)を使用すると，

$$(\lambda_1 - \lambda_2)\{m_1 Y_{11} Y_{21} + m_2 Y_{12} Y_{22}\} = 0 \tag{10.28}$$

となる．一般には，$\lambda_1 \neq \lambda_2$ であるので次式を満足する必要がある．

$$m_1 Y_{11} Y_{21} + m_2 Y_{12} Y_{22} = 0 \tag{10.29}$$

これは，**二つの異なる振動モードで，対応する点の振幅の積にその質量をかけて和を求めると零となる**振動モード特有の性質を示す．これを振動モードの直交性とよび，しばしば利用される重要な関係式である．

ここでの例は2質点系であるが，多質点系に対しては任意の二つのモード間で，この関係が成立する．多質点系では，振動系の自由度数($= N$)だけの固有振動数と振動

10.5 振動モード間の直交性　**95**

モードが求められ，固有振動数の小さいほうから $\lambda_1, \lambda_2, \ldots, \lambda_n, \ldots, \lambda_N$ とし，対応する振動モードを $\boldsymbol{Y}_1, \boldsymbol{Y}_2, \ldots, \boldsymbol{Y}_n, \ldots, \boldsymbol{Y}_N$ と表す．n 番目のモード $\boldsymbol{Y}_n$ を n 次の振動モードという．いま，任意の二つの振動モードの次数を n, m とすると，式(10.29)は一般的表現として，

$$\sum_{i=1}^{N} m_i Y_{ni} Y_{mi} = 0 \quad (n \neq m) \tag{10.30}$$

ここに，Y_{ni}，Y_{mi} は質点 i における n 次，m 次の振動モードの振幅である．

式(10.28)で，$\lambda_1 = \lambda_2$ の場合，式(10.28)の { } 内の値は任意の定数 d でよい．すなわち，

$$m_1 Y_{n1}{}^2 + m_2 Y_{n2}{}^2 = d^2 \ (=1) \quad (n = 1, 2) \tag{10.31}$$

となる．この d の値は，式(10.26)より仕事量の大きさに関する量であり，これを $d = 1$ としたのが**正規化モード**である．前述の式(10.21)の正規化条件は，このような物理的意味をもつ [*]．この正規化条件は後述の解析で便利に使用される．

例題 10.4　例題 10.3 で求めた二つの正規化モード（1 次モードと 2 次モード）が直交することを確かめよ．

解　1 次モードと 2 次モードの直交条件は式(10.29)で表されるが，この中の振動モード $\{Y_{11} \ Y_{12}\}^T$, $\{Y_{21} \ Y_{22}\}^T$ は正規化モード $\boldsymbol{\Phi}_1$, $\boldsymbol{\Phi}_2$ に比例するので（式(10.24)参照）[**]，式(10.29)は次式のように表すことができる．

$$m_1 \Phi_{11} \Phi_{21} + m_2 \Phi_{12} \Phi_{22} = 0$$

したがって，正規化モードの直交性は上式が成立することを確かめればよい．

$$m_1 = m_2 = 1 \times 10^6 \ \text{kg}$$

$$\boldsymbol{\Phi}_1 = \begin{Bmatrix} 5.26 \times 10^{-4} \\ 8.51 \times 10^{-4} \end{Bmatrix}, \qquad \boldsymbol{\Phi}_2 = \begin{Bmatrix} -8.51 \times 10^{-4} \\ 5.26 \times 10^{-4} \end{Bmatrix}$$

であるから，

$$\begin{aligned}
m_1 \Phi_{11} \Phi_{21} + m_2 \Phi_{12} \Phi_{22} &= 1 \times 10^6 \times 5.26 \times 10^{-4} \times (-8.51 \times 10^{-4}) \\
&\quad + 1 \times 10^6 \times 8.51 \times 10^{-4} \times 5.26 \times 10^{-4} \\
&= -4.48 \times 10^{-1} + 4.48 \times 10^{-1} \\
&= 0
\end{aligned}$$

---

[*]（厳密な意味では仕事とは異なるが）一種のエネルギー的な量を 1 としたと考えてよい．

[**] T は転置ベクトルを表す．

となる．ゆえに，正規化モードは直交している．

10.6　2自由度系の自由振動に減衰を入れてみよう

構造物の減衰は，空気の抵抗，材料内部の摩擦などによる複雑な現象で（第7章参照），直接これを解析に取り入れることはほとんど不可能である．しかし，何らかの方法でこの減衰を基礎式に取り入れようとして，ダッシュポットで代表させる簡単な力学モデルに置き換える近似的な便法がとられる．本来の減衰機構と異なるモデルを使用しているので，解析結果が実際の現象と矛盾することもありうる．ダッシュポットの取り入れ方として，柱の減衰だけを考慮する場合，図 10.6（a）の構造モデル，さらに空気の抵抗が加わるときには，図（b）に示す簡単な力学モデルとなる．この振動モデルを例にとって，運動方程式を誘導する．

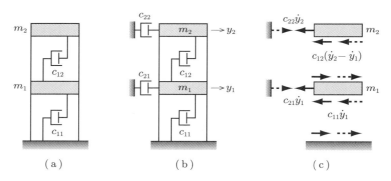

図 10.6　減衰をもつ 2 層ラーメン

減衰のない場合の運動方程式は式（10.1）により与えられているので，ここではダッシュポットの力をどのように運動方程式に取り入れるかを考える．いま，質点 m_1，m_2 が y_1，y_2 だけ右側（正方向）に移動したとする．このとき，ダッシュポットの伸び，粘性減衰力はそれぞれ次のように求められる．

粘性減衰係数	伸び	粘性減衰力
c_{21}	y_1	$c_{21}\dot{y}_1$
c_{22}	y_2	$c_{22}\dot{y}_2$
c_{11}	y_1	$c_{11}\dot{y}_1$
c_{12}	$y_2 - y_1$	$c_{12}(\dot{y}_2 - \dot{y}_1)$

この粘性減衰力は，ダッシュポット両端の動き（伸び）を止める方向（図（c）の中の矢印（破線）の方向）に作用する（実線矢印は柱の復元力）．ダッシュポットと質点（m_1，

m_2)とは直結されているので，質点は図（c）の矢印で示される方向の力を受ける．振動系中のダッシュポットのはたらきを力として把握できれば，運動方程式は容易に導くことができる．質点の右方向への変位を正とすると，力も右向きが正となる（6.1節の補足説明参照）．式（10.1）の誘導と同様に次式が得られる．

$$m_1\ddot{y}_1 = -k_1 y_1 + k_2(y_2 - y_1) - c_{21}\dot{y}_1 - c_{11}\dot{y}_1 + c_{12}(\dot{y}_2 - \dot{y}_1) \quad (10.32a)$$

$$m_2\ddot{y}_2 = -k_2(y_2 - y_1) - c_{22}\dot{y}_2 - c_{12}(\dot{y}_2 - \dot{y}_1) \quad (10.32b)$$

ここに，矢印は力の向きを表す．各質点に作用する力より基礎式を導くことをよく理解してほしい．

式（10.32a, b）を書き換えると，

$$m_1\ddot{y}_1 + (c_{11} + c_{12} + c_{21})\dot{y}_1 - c_{12}\dot{y}_2 + (k_1 + k_2)y_1 - k_2 y_2 = 0 \quad (10.33a)$$

$$m_2\ddot{y}_2 - c_{12}\dot{y}_1 + (c_{12} + c_{22})\dot{y}_2 - k_2 y_1 + k_2 y_2 = 0 \quad (10.33b)$$

となり，これをマトリックスで表示すると，

$$\begin{bmatrix} m_1 & 0 \\ 0 & m_2 \end{bmatrix} \begin{Bmatrix} \ddot{y}_1 \\ \ddot{y}_2 \end{Bmatrix} + \begin{bmatrix} c_{11} + c_{12} + c_{21} & -c_{12} \\ -c_{12} & c_{12} + c_{22} \end{bmatrix} \begin{Bmatrix} \dot{y}_1 \\ \dot{y}_2 \end{Bmatrix}$$

$$+ \begin{bmatrix} k_1 + k_2 & -k_2 \\ -k_2 & k_2 \end{bmatrix} \begin{Bmatrix} y_1 \\ y_2 \end{Bmatrix} = \begin{Bmatrix} 0 \\ 0 \end{Bmatrix} \quad (10.34)$$

さらに簡単に次式のように表す．

$$\boldsymbol{M\ddot{y} + C\dot{y} + Ky = 0} \quad (10.35)$$

ここに，

$$\boldsymbol{C} = \begin{bmatrix} \bar{c}_{11} & \bar{c}_{12} \\ \bar{c}_{21} & \bar{c}_{22} \end{bmatrix} = \begin{bmatrix} c_{11} + c_{12} + c_{21} & -c_{12} \\ -c_{12} & c_{12} + c_{22} \end{bmatrix}$$

であり，この $\boldsymbol{C}$ を**減衰マトリックス**（damping matrix）とよぶ．

式（10.34）の解を求めるのはかなり厄介である．正攻法的に，

$$y_1 = Y_1 e^{st}$$

$$y_2 = Y_2 e^{st}$$

とおいて，これを式（10.34）に代入し，式（10.14）のタイプの式として解こうとしても，解に複素数が現れて容易に求められない．巧妙に求める方法もあるので，必要な場合はほかの参考書を参照されたい．初歩の段階ではこの基礎式の誘導が理解できれば十分である．

10.7 2自由度系から多自由度系へ

前節までは2自由度系の自由振動について述べたが，ここでは，図10.7に示すような多自由度系について考える．この場合，質点の数と自由度とは必ずしも一致しない．たとえば，図(b)に示すトラス構造を平面トラスとすると，ローラー支点以外の九つの節点は水平，垂直方向に変位するので，各質点ごとに2自由度をもつ．また，ローラー支点は水平方向の変位のみで自由度は1であるから，このトラスの自由度は $2 \times 9 + 1 = 19$ である．自由度については付録A.1を参照されたい．振動系が複雑になっても，基礎式の誘導方法は2自由度系の場合と同じで，各質点ごとの変位と復元力の関係より求められ，最終的には式(10.6)のタイプの式で表現される．いま，自由度数を N とすると式(10.6)は次式となる．

$$\boldsymbol{M}\ddot{\boldsymbol{y}} + \boldsymbol{K}\boldsymbol{y} = \boldsymbol{0} \tag{10.36}$$

$$\boldsymbol{M} = \begin{bmatrix} m_1 & & & \boldsymbol{0} \\ & m_2 & & \\ & & \ddots & \\ \boldsymbol{0} & & & m_N \end{bmatrix}, \quad \boldsymbol{K} = \begin{bmatrix} k_{11} & k_{12} & \cdots & k_{1N} \\ k_{21} & k_{22} & \cdots & k_{2N} \\ \vdots & \vdots & \ddots & \vdots \\ k_{N1} & k_{N2} & \cdots & k_{NN} \end{bmatrix}$$

$$\boldsymbol{y} = \begin{Bmatrix} y_1 \\ y_2 \\ \vdots \\ y_N \end{Bmatrix}$$

ここに，$\boldsymbol{M}$ は**質量マトリックス**，$\boldsymbol{K}$ は**剛性マトリックス**，$\boldsymbol{y}$ は**変位ベクトル**とよぶ．これの自由振動は式(10.9)と同様に，

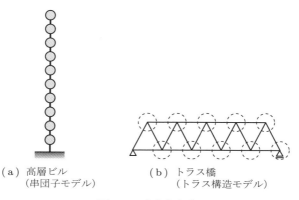

(a) 高層ビル　　　　　(b) トラス橋
(串団子モデル)　　　　(トラス構造モデル)

図10.7　多自由度系

$$\boldsymbol{y} = \begin{Bmatrix} Y_1 \\ Y_2 \\ \vdots \\ Y_N \end{Bmatrix} \sin \omega t = \boldsymbol{Y} \sin \omega t \tag{10.37}$$

とおいて式(10.36)に代入すると，次式の関係が求められる．

$$\left. \begin{aligned} (k_{11} - \lambda m_1)Y_1 + k_{12}Y_2 + \cdots + k_{1N}Y_N &= 0 \\ k_{21}Y_1 + (k_{22} - \lambda m_2)Y_2 + \cdots + k_{2N}Y_N &= 0 \\ \vdots \\ k_{N1}Y_1 + k_{N2}Y_2 + \cdots + (k_{NN} - \lambda m_N)Y_N &= 0 \end{aligned} \right\} \tag{10.38}$$

ここに，$\lambda = \omega^2$ である．

式(10.38)をマトリックス表示すると，

$$(\boldsymbol{K} - \lambda \boldsymbol{M})\boldsymbol{Y} = \boldsymbol{0} \tag{10.39}$$

となる．式(10.38)のすべての $Y_1, Y_2, \ldots, Y_N$ が零でない有意義な解をもつためには，式(10.38)または式(10.39)の係数行列式が零という条件より，次の振動数方程式が求められる(式(10.13)参照)．

$$\begin{vmatrix} k_{11} - \lambda m_1 & k_{12} & \cdots & k_{1N} \\ k_{21} & k_{22} - \lambda m_2 & & k_{2N} \\ \vdots & & \ddots & \vdots \\ k_{N1} & k_{N2} & \cdots & k_{NN} - \lambda m_N \end{vmatrix} = 0 \tag{10.40}$$

または

$$| \boldsymbol{K} - \lambda \boldsymbol{M} | = 0 \tag{10.41}$$

で表される．

　固有振動数は上式を解いて得られる．ただし，N が大きい値(N の値が数百・数千になる場合もある)の場合，直接この行列式の値を計算して λ を求めることはほとんど行われない．λ の値を徐々に変化させて，行列式が零になる λ の値を見つけることは，行列式の繰返し計算を必要とし，コンピュータを使用しても非経済的である．また，式(10.14)のように変形して λ の高次方程式を求めても，通常の方法では解は容易に得られない．この種の問題は，線形代数の分野で固有値問題として取り扱われており，いくつかの便利な解法が開発されている．コンピュータの能力にもよるが，$N = 10 \sim 1000$ 程度までは数多くのサブルーチンが用意されている．

　多自由度系では，特殊な場合を除いて自由度 N と同じ数の固有値と固有振動モー

100 第10章 2自由度(多自由度)系の自由振動

ドが得られるが,異なる振動モードで固有値が同じという特殊な場合もある.いま,N 個の固有値を小さい順に並べて,$\lambda_1, \lambda_2, \lambda_3, \ldots, \lambda_N$,これに対応する固有振動モード $\boldsymbol{Y}_1, \boldsymbol{Y}_2, \boldsymbol{Y}_3, \ldots, \boldsymbol{Y}_N$ が求められたとし,n 次(n 番目)のものを λ_n,$\boldsymbol{Y}_n$ とする.固有値 λ_n の平方根が求める固有円振動数 ω_n となり,$\boldsymbol{Y}_n$ は任意の大きさでよい(式(10.15),(10.16)参照).式(10.37)より,n 次の固有振動モードで振動しているときの自由振動は,次式で表される.

$$\boldsymbol{y}_n = \begin{Bmatrix} Y_{n1} \\ Y_{n2} \\ Y_{n3} \\ \vdots \\ Y_{nN} \end{Bmatrix} \sin \omega_n t = \boldsymbol{Y}_n \sin \omega_n t \tag{10.42}$$

ここに,$\omega_n = \sqrt{\lambda_n}$ である.

2自由度系の場合と同じく,多自由度系に対しても直交関係が存在する.これは,任意の二つの振動モード間で成立し,n 次,m 次の二つの振動モード間では次式となる.これは,式(10.29)を求めたのと同じ方法で誘導できる.

$$\sum_{i=1}^{N} m_i Y_{ni} Y_{mi} = 0 \quad (m \neq n) \tag{10.43}$$

マトリックス表示では,

$$\boldsymbol{Y}_m{}^T \boldsymbol{M} \boldsymbol{Y}_n = 0 \quad (n \neq m) \tag{10.44}$$

ここに,T は転置マトリックスを表す.

また,2自由度系と同じく,振動モード $\boldsymbol{Y}_n$ は正規化条件を満足するように決められる.これを $\boldsymbol{\Phi}_n$ で表す.多質点系の場合,

$$\boldsymbol{\Phi}_n = C_n \boldsymbol{Y}_n \tag{10.45}$$

とすると,正規化条件(式(10.21)または式(10.31)参照)

$$\sum_{i=1}^{N} m_i \Phi_{ni}{}^2 = C_n{}^2 \sum_{i=1}^{N} m_i Y_{ni}{}^2 = 1 \tag{10.46}$$

または

$$\boldsymbol{\Phi}_n{}^T \boldsymbol{M} \boldsymbol{\Phi}_n = 1 \tag{10.47}$$

より,C_n が決定できる.

$$C_n = \left(\sum_{i=1}^{N} m_i Y_{ni}{}^2 \right)^{-1/2} \tag{10.48}$$

これを式(10.45)に用いて，次の正規化モードが得られる（式(10.24)参照）．

$$\boldsymbol{\Phi}_n = \left(\sum_{i=1}^{N} m_i Y_{ni}^2\right)^{-1/2} \boldsymbol{Y}_n \tag{10.49}$$

正規化モードを用いると，直交条件は式(10.44)より

$$\boldsymbol{\Phi}_m{}^T \boldsymbol{M} \boldsymbol{\Phi}_n = 0 \quad (m \neq n) \tag{10.50}$$

となる．n 次の正規化モードで振動しているときの式は，

$$\boldsymbol{y}_n = \begin{Bmatrix} \Phi_{n1} \\ \Phi_{n2} \\ \vdots \\ \Phi_{nN} \end{Bmatrix} \sin \omega_n t = \boldsymbol{\Phi}_n \sin \omega_n t \tag{10.51}$$

と表せる．

演習問題

1. 図 10.8 の 2 層ラーメンで，質点 m_1, m_2 がそれぞれ y_1, y_2 だけ右側へ移動した瞬間について，次の問いに答えよ．
(1) 各質点にはたらく復元力の方向を図示し，大きさも記せ．
(2) 運動方程式を求めよ．
(3) 振動数方程式を求めよ．
(4) 固有振動数，固有モードを求めよ．
(5) 正規化モードを計算し，図示せよ．
(6) 正規化モードの直交性を確かめよ．

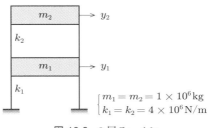

図 10.8　2 層ラーメン

第11章
多自由度系の強制振動（モーダルアナリシス）

複雑な構造物の振動性状を的確につかむ

　外力が作用する多自由度系に対して，モーダルアナリシス (modal analysis) とよばれる便利な解析法がある．この解析法は，あらかじめその振動系の固有振動数と振動モードを求め，各振動モード間の正規化条件・直交条件を巧みに使用して，多自由度系の運動方程式を1自由度系の運動方程式に変換する方法である．この変換により1自由度系の解析を適用するだけで，多自由度系の解析が可能になる．ここでは，このモーダルアナリシスについて説明する．多自由度系の解析にはマトリックスの理解を必要とするが，ここでは，まずマトリックスを使用しないで2自由度系を解析し，その方法を多自由度系に展開する．マトリックスの知識がなくても，多自由度系に対する解析過程を理解してほしい．

11.1　正規化モードで任意の変形(関数)を表す

　まず，準備的段階として正規化モードを組み合わせて，任意の変形，外力などが表されることを述べる．これは，任意の関数がフーリエ級数を用いて近似できるのと似ており，正規化モードがフーリエ級数における正弦，余弦の役割をしていると考えるとよい．

　正規化モードは，前章で述べた式 (10.30)，(10.31) に示す直交条件と正規化条件を満足している．これは，図 11.1 (a)，(b) に示す1次，2次の正規化モードに対して次式となる (例題 10.4 参照)．

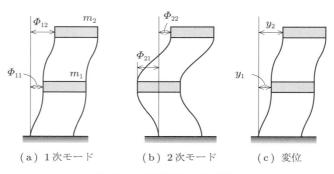

(a) 1次モード　　(b) 2次モード　　(c) 変位

図 11.1　正規化モードと変位

$$m_1\Phi_{11}\Phi_{21} + m_2\Phi_{12}\Phi_{22} = 0 \tag{11.1}$$

$$m_1{\Phi_{11}}^2 + m_2{\Phi_{12}}^2 = 1 \quad (1\,\text{次振動モードに対して}) \tag{11.2a}$$

$$m_1{\Phi_{21}}^2 + m_2{\Phi_{22}}^2 = 1 \quad (2\,\text{次振動モードに対して}) \tag{11.2b}$$

いま，図(c)に示す任意の変形 y_1, y_2 を，

$$a_1 \times (1\,\text{次正規化モード}) + a_2 \times (2\,\text{次正規化モード})$$

で表すことを考える．ここに，a_1, a_2 は未知数である．式では

$$y_1 = a_1\Phi_{11} + a_2\Phi_{21} \tag{11.3a}$$

$$y_2 = a_1\Phi_{12} + a_2\Phi_{22} \tag{11.3b}$$

となり，a_1, a_2 はこの連立方程式を解いても求められるが，ここでは，式(11.1)，(11.2a, b)の関係を利用して求める．連立方程式を解かなくてよいことは，多質点系の場合有利であり，さらに効果的なのは，簡単な解析解と計算で解が求められることである．a_1 を求めるために，次の演算をする．

$$\text{式}(11.3a) \times m_1\Phi_{11} \qquad m_1\Phi_{11}y_1 = a_1m_1{\Phi_{11}}^2 + a_2m_1\Phi_{11}\Phi_{21} \tag{11.4}$$

$$\text{式}(11.3b) \times m_2\Phi_{12} \qquad m_2\Phi_{12}y_2 = a_1m_2{\Phi_{12}}^2 + a_2m_2\Phi_{12}\Phi_{22} \tag{11.5}$$

この両者の和は

$$\text{式}(11.4) + \text{式}(11.5) = m_1\Phi_{11}y_1 + m_2\Phi_{12}y_2$$
$$= a_1(m_1{\Phi_{11}}^2 + m_2{\Phi_{12}}^2) + a_2(m_1\Phi_{11}\Phi_{21} + m_2\Phi_{12}\Phi_{22})$$

となり，式(11.1)，(11.2a)より，a_1 が次式のように得られる．

$$a_1 = m_1\Phi_{11}y_1 + m_2\Phi_{12}y_2 \tag{11.6}$$

同様に，式(11.3a) $\times m_1\Phi_{21}$ ＋式(11.3b) $\times m_2\Phi_{22}$ より

$$a_2 = m_1\Phi_{21}y_1 + m_2\Phi_{22}y_2 \tag{11.7}$$

となる．この a_1, a_2 を式(11.3a, b)に使用すると，任意の変形(y_1 と y_2)が正規化モードを組み合わせて求められることがわかる．

ここから式(11.10)までは飛ばして読んでもよい．任意の変形(関数)が正規化モードで表されることがわかったので，次に式(11.3)の変形時の慣性力と復元力を正規化モードの組合せで表すことを考える．式(10.10)に，正規化モードと固有値 λ_1, λ_2 を代入すると次式となる．

$$\left.\begin{array}{l} k_{11}\Phi_{11} + k_{12}\Phi_{12} = \lambda_1 m_1\Phi_{11} \\ k_{21}\Phi_{11} + k_{22}\Phi_{12} = \lambda_1 m_2\Phi_{12} \end{array}\right\} \quad 1\,\text{次振動} \tag{11.8}$$

104 第11章　多自由度系の強制振動(モーダルアナリシス)

$$\left.\begin{array}{l} k_{11}\Phi_{21} + k_{12}\Phi_{22} = \lambda_2 m_1\Phi_{21} \\ k_{21}\Phi_{21} + k_{22}\Phi_{22} = \lambda_2 m_2\Phi_{22} \end{array}\right\} \quad 2\,次振動 \qquad (11.9)$$

　自由振動において，振動モードの変形を生じさせる力は，質点に生じる慣性力(上式の右辺)であり，逆にこれは弾性体の復元力(上式の左辺)に等しい(式(10.25 a, b)参照)．すなわち，式(11.8)，(11.9)の右辺の慣性力と同じ大きさの外力を静的外力として，その振動系に静かに作用させると(質量に慣性力が生じないように)，これによる静的変形は，図11.1 (a)，(b)の1次，2次の正規化モードの変形を生じ，このときの弾性体の復元力は加えた静的外力に等しい．これより，振動系に図(c)の変形(式(11.3a, b)の変形)

$$(変形) = a_1 \times (1\,次正規化モード) + a_2 \times (2\,次正規化モード)$$

を静的に与えるのに必要な静的外力は，

$$\boldsymbol{P}_{\mathrm{s}} = a_1 \times (1\,次振動モードの慣性力) + a_2 \times (2\,次振動モードの慣性力)$$

であり，これは式(11.8)，(11.9)を使用すると次式となる．

$$\begin{aligned} P_{\mathrm{s}1} &= a_1(\lambda_1 m_1\Phi_{11}) + a_2(\lambda_2 m_1\Phi_{21}) \\ &= k_{11}(a_1\Phi_{11} + a_2\Phi_{21}) + k_{12}(a_1\Phi_{12} + a_2\Phi_{22}) \\ P_{\mathrm{s}2} &= a_1(\lambda_1 m_2\Phi_{12}) + a_2(\lambda_2 m_2\Phi_{22}) \\ &= k_{21}(a_1\Phi_{11} + a_2\Phi_{21}) + k_{22}(a_1\Phi_{12} + a_2\Phi_{22}) \end{aligned}$$

ここに，

$$P_{\mathrm{s}1} = (質点\,m_1\,の位置に作用させる外力) \quad (= 復元力)$$

$$P_{\mathrm{s}2} = (質点\,m_2\,の位置に作用させる外力) \quad (= 復元力)$$

である．上式に式(11.3)の関係を代入すると，外力と復元力の関係が得られる．

$$\left.\begin{array}{l} P_{\mathrm{s}1} = a_1(\lambda_1 m_1\Phi_{11}) + a_2(\lambda_2 m_1\Phi_{21}) = k_{11}y_1 + k_{12}y_2 \\ P_{\mathrm{s}2} = a_1(\lambda_1 m_2\Phi_{12}) + a_2(\lambda_2 m_2\Phi_{22}) = k_{21}y_1 + k_{22}y_2 \end{array}\right\} \qquad (11.10)$$

この復元力と慣性力の関係は，後述の式(11.18)に使用する．

11.2　外力を受ける2自由度系の運動方程式をつくる

　図11.2 (a)の外力 $P_1(t)$，$P_2(t)$ を受ける振動系を考える．外力が作用しない自由振動に対して，質点 m_1，m_2 に作用する復元力は図10.3 (b)に，その運動方程式は式(10.1)に与えられている．これに外力を加えたのが図11.2 (b)であるので基礎式は次式となる．

11.2 外力を受ける2自由度系の運動方程式をつくる

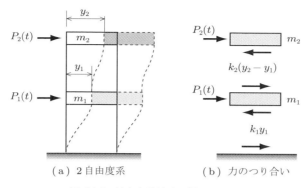

(a) 2自由度系 　　　(b) 力のつり合い

図 11.2 外力を受ける2層ラーメン

$$\left.\begin{array}{l} m_1\ddot{y}_1 = -k_1 y_1 + k_2(y_2 - y_1) + P_1(t) \\ m_2\ddot{y}_2 = -k_2(y_2 - y_1) + P_2(t) \end{array}\right\} \tag{11.11}$$

書き換えると,

$$\left.\begin{array}{l} m_1\ddot{y}_1 + (k_1 + k_2)y_1 - k_2 y_2 = P_1(t) \\ m_2\ddot{y}_2 - k_2 y_1 + k_2 y_2 = P_2(t) \end{array}\right\} \tag{11.12}$$

となり,これを次のような一般的表現で表す.

$$\left.\begin{array}{l} m_1\ddot{y}_1 + k_{11}y_1 + k_{12}y_2 = P_1(t) \\ m_2\ddot{y}_2 + k_{21}y_1 + k_{22}y_2 = P_2(t) \end{array}\right\} \tag{11.13}$$

ここに,

$$\left.\begin{array}{ll} k_{11} = k_1 + k_2, & k_{12} = -k_2, \\ k_{21} = -k_2, & k_{22} = k_2 \end{array}\right\} \tag{11.14}$$

である.マトリックス表示をすると(式(10.6)参照)

$$\boldsymbol{M}\ddot{\boldsymbol{y}} + \boldsymbol{K}\boldsymbol{y} = \boldsymbol{P}(t) \tag{11.15}$$

ここに,

$\boldsymbol{M}$:質量マトリックス

$\boldsymbol{K}$:剛性マトリックス

$\boldsymbol{y} = \begin{Bmatrix} y_1 \\ y_2 \end{Bmatrix}$:変位ベクトル

$\ddot{\boldsymbol{y}} = \begin{Bmatrix} \ddot{y}_1 \\ \ddot{y}_2 \end{Bmatrix}$:加速度ベクトル

106 第11章 多自由度系の強制振動(モーダルアナリシス)

$$P(t) = \begin{Bmatrix} P_1(t) \\ P_2(t) \end{Bmatrix} : 外力ベクトル$$

である.

例題 11.1 図11.2において, $m_1 = 1.0 \times 10^6$ kg, $m_2 = 2.0 \times 10^6$ kg, $k_1 = 2.0 \times 10^6$ N/m, $k_2 = 3.0 \times 10^6$ N/m, $P_1(t) = 0$, $P_2(t) = 2.0 \times 10^4 \times \sin t$ [N] のときの運動方程式を求めよ.

解 図(b)を参考にし, 式(11.11)より,

$$m_1\ddot{y}_1 = -k_1 y_1 + k_2(y_2 - y_1) + P_1(t)$$

$$m_2\ddot{y}_2 = -k_2(y_2 - y_1) + P_2(t)$$

となる. 問題文で与えられた値を上式に代入すると, 運動方程式は

$$1 \times 10^6 \ddot{y}_1 + 5 \times 10^6 y_1 - 3 \times 10^6 y_2 = 0$$

$$2 \times 10^6 \ddot{y}_2 - 3 \times 10^6 y_1 + 3 \times 10^6 y_2 = 2 \times 10^4 \sin t$$

となる. 上式をマトリックス表示すると

$$\begin{bmatrix} 1 \times 10^6 & 0 \\ 0 & 2 \times 10^6 \end{bmatrix} \begin{Bmatrix} \ddot{y}_1 \\ \ddot{y}_2 \end{Bmatrix} + \begin{bmatrix} 5 \times 10^6 & -3 \times 10^6 \\ -3 \times 10^6 & 3 \times 10^6 \end{bmatrix} \begin{Bmatrix} y_1 \\ y_2 \end{Bmatrix} = \begin{Bmatrix} 0 \\ 2 \times 10^4 \sin t \end{Bmatrix}$$

となる.

11.3 モーダルアナリシスはすばらしい解析法

2自由度系の振動系に対する基礎式(11.13)は, 2階の連立微分方程式である. これは, 微分方程式の理論により変数一つ(たとえば y_1 のみ)の4階の微分方程式に変更できるが, その解析解を求めるのは容易でない. 3自由度系に対しては, 変数3個の連立微分方程式となるので, その解を求める困難さはさらに増加する. このように, 多自由度系の基礎式の解を正攻法的に求めることはほとんど不可能と考えてよい.

しかし, ここに述べるモーダルアナリシスを用いれば, 式(11.13)は連立しない1変数の2階の微分方程式二つに分解できるため, その各微分方程式を別々に解いて, 式(11.13)の解を得ることができる. 同様に, 3自由度系に対しては1変数の2階の微分方程式3個に分解できる. ただし, ここで述べるモーダルアナリシスは減衰を含まない場合に限定する. 図10.6 (a), (b)のような減衰系に対してもモーダルアナリシスは可能であるが, 解析過程が複雑で, 初歩的段階としては必要性はほとんどない. 以下, 減衰のない2自由度系について考える.

11.3 モーダルアナリシスはすばらしい解析法 **107**

　モーダルアナリシスは，まず与えられた振動系に対して，固有値 λ_1，λ_2 と正規化モード $\boldsymbol{\Phi}_1$，$\boldsymbol{\Phi}_2$ を求める．これらが，図 11.1 (a)，(b) のように

	固有値	質点 m_1	質点 m_2
1 次振動モード	λ_1	Φ_{11}	Φ_{12}
2 次振動モード	λ_2	Φ_{21}	Φ_{22}

と求められていたとする．

　任意の変形 y_1，y_2 は 1 次，2 次の正規化モードを組み合わせて表現できた（11.1 節参照）．これより，振動中の質点の変位 $y_1(t)$，$y_2(t)$ もこれらの振動モードを使用して表せることが容易に理解できる．ただし，この場合は，正規化モードに乗じる定数 a_1，a_2 は時間とともに変化し，それを時間の関数 $q_1(t)$，$q_2(t)$ と表すと，振動変位は次式で表現される．

$$(振動変位) = (1 次正規化モード) \times q_1(t) + (2 次正規化モード) \times q_2(t)$$

この状態における質点 m_1，m_2 の応答 $y_1(t)$，$y_2(t)$ は，式(11.3)における a_1，a_2 を $q_1(t)$，$q_2(t)$ として次式で求められる．

$$y_1(t) = \Phi_{11}q_1(t) + \Phi_{21}q_2(t) \tag{11.16a}$$

$$y_2(t) = \Phi_{12}q_1(t) + \Phi_{22}q_2(t) \tag{11.16b}$$

まとめて書くと，

$$\boldsymbol{y} = \boldsymbol{\Phi}_1 q_1(t) + \boldsymbol{\Phi}_2 q_2(t) \tag{11.16c}$$

ここに，

$$\boldsymbol{y} = \begin{Bmatrix} y_1 \\ y_2 \end{Bmatrix}, \qquad \boldsymbol{\Phi}_1 = \begin{Bmatrix} \Phi_{11} \\ \Phi_{12} \end{Bmatrix}, \qquad \boldsymbol{\Phi}_2 = \begin{Bmatrix} \Phi_{21} \\ \Phi_{22} \end{Bmatrix}$$

となる．また，加速度は，

$$\ddot{y}_1(t) = \Phi_{11}\ddot{q}_1(t) + \Phi_{21}\ddot{q}_2(t) \tag{11.17a}$$

$$\ddot{y}_2(t) = \Phi_{12}\ddot{q}_1(t) + \Phi_{22}\ddot{q}_2(t) \tag{11.17b}$$

となり，まとめて書くと

$$\ddot{\boldsymbol{y}} = \boldsymbol{\Phi}_1 \ddot{q}_1(t) + \boldsymbol{\Phi}_2 \ddot{q}_2(t) \tag{11.17c}$$

となる．今後，$q_1(t) \to q_1$，$\ddot{q}_1(t) \to \ddot{q}_1$，$y_1(t) \to y_1$，$\ddot{y}_1(t) \to \ddot{y}_1$ と略して表す．この q_1，q_2 が求められれば，式(11.16)から振動変位がわかる．モーダルアナリシスの解析では，これらは次の微分方程式(11.22)と式(11.23)に分解できる．この式の結果が大切であるので，それまでの解析は飛ばしてよい．

108 第 11 章　多自由度系の強制振動(モーダルアナリシス)

式(11.3a, b)を用いると外力と復元力との関係は,式(11.10)により示すことができた.これより,式(11.16a, b)の変位に対しては次式となる.

$$(\lambda_1 m_1 \Phi_{11}) \times q_1 + (\lambda_2 m_1 \Phi_{21}) \times q_2 = k_{11} y_1 + k_{12} y_2 \qquad (11.18a)$$

$$(\lambda_1 m_2 \Phi_{12}) \times q_1 + (\lambda_2 m_2 \Phi_{22}) \times q_2 = k_{21} y_1 + k_{22} y_2 \qquad (11.18b)$$

式(11.17a, b),(11.18a, b)を運動方程式(11.13)に代入すると,

$$m_1 \Phi_{11} \ddot{q}_1 + m_1 \Phi_{21} \ddot{q}_2 + \lambda_1 m_1 \Phi_{11} q_1 + \lambda_2 m_1 \Phi_{21} q_2 = P_1(t) \qquad (11.19a)$$

$$m_2 \Phi_{12} \ddot{q}_1 + m_2 \Phi_{22} \ddot{q}_2 + \lambda_1 m_2 \Phi_{12} q_1 + \lambda_2 m_2 \Phi_{22} q_2 = P_2(t) \qquad (11.19b)$$

となる.この式は連立微分方程式であるが,q_1 または q_2 だけを含む微分方程式に分離できる.いま,q_1 だけを取り出すために,1 次の正規化モードに比例する微小な変位

$$(1 次の正規化モード) \times \delta q_1$$

と,式(11.19a, b)の力で仕事をさせる.この仕事(力 × 変位)は,式(11.18a, b)の変形を生じている状態(力 $P_1(t)$,$P_2(t)$ が作用している)にこの微小変位をさらに加えたものである.質点 m_1 の位置での微小変位は $\Phi_{11} \times \delta q_1$ であるので,その仕事は式(11.19a)$\times \Phi_{11} \delta q_1$ となり,質点 m_2 の位置での微小変位は $\Phi_{12} \times \delta q_1$ であるので,仕事は 式(11.19b)$\times \Phi_{12} \delta q_1$ となる.この仕事により式(11.19a, b)は次式となる.

$$(m_1 \Phi_{11}{}^2 \ddot{q}_1 + m_1 \Phi_{11} \Phi_{21} \ddot{q}_2 + \lambda_1 m_1 \Phi_{11}{}^2 q_1 + \lambda_2 m_1 \Phi_{11} \Phi_{21} q_2) \times \delta q_1$$
$$= \Phi_{11} P_1(t) \times \delta q_1 \qquad (11.20a)$$

$$(m_2 \Phi_{12}{}^2 \ddot{q}_1 + m_2 \Phi_{12} \Phi_{22} \ddot{q}_2 + \lambda_1 m_2 \Phi_{12}{}^2 q_1 + \lambda_2 m_2 \Phi_{12} \Phi_{22} q_2) \times \delta q_1$$
$$= \Phi_{12} P_2(t) \times \delta q_1 \qquad (11.20b)$$

式(11.20a)と式(11.20b)の和より

$$(m_1 \Phi_{11}{}^2 + m_2 \Phi_{12}{}^2) \ddot{q}_1 + (m_1 \Phi_{11} \Phi_{21} + m_2 \Phi_{12} \Phi_{22}) \ddot{q}_2$$
$$+ \lambda_1 (m_1 \Phi_{11}{}^2 + m_2 \Phi_{12}{}^2) q_1 + \lambda_2 (m_1 \Phi_{11} \Phi_{21} + m_2 \Phi_{12} \Phi_{22}) q_2$$
$$= \Phi_{11} P_1(t) + \Phi_{12} P_2(t) \qquad (11.21)$$

となる.上式は,式(11.1),(11.2a, b)の直交条件と正規化条件より,

$$\ddot{q}_1 + \lambda_1 q_1 = \Phi_{11} P_1(t) + \Phi_{12} P_2(t) \qquad (11.22)$$

となる.同様に,q_2 だけを取り出すために,

$$(2 次の正規化モード) \times \delta q_2$$

による仕事を考えて,次式を得る.

$$\ddot{q}_2 + \lambda_2 q_2 = \Phi_{21} P_1(t) + \Phi_{22} P_2(t) \qquad (11.23)$$

■ 1自由度系との対比による理解

図 11.3 (a) の 1 自由度系の運動方程式は，次式で与えられる（例題 8.3 参照）．

$$m\ddot{y} + ky = P(t) \tag{11.24}$$

これより，式(11.22), (11.23)は図 11.3 (b), (c)の振動モデルに対応する基礎式であり，図 11.2 (a) の 2 自由度系の振動モデルがこのような 1 自由度系に変換できると，これまで 1 自由度系に対して述べた解析手法がそのまま適用できることがわかる．式(11.22), (11.23)を解いて求められる q_1, q_2 を式(11.16a, b)に代入して，与系の振動応答が求められる．モーダルアナリシスの特徴は，連立しない 1 自由度の微分方程式に分解できることで，これは多自由度系に対してとくに有利である．なお，式(11.22), (11.23)の解に自由振動成分を考慮する必要のあるときは，初期条件から決定される(6.3 節参照)．この場合も直交条件を使用して巧妙に求めることができるが，必要性が少ないので省略する．

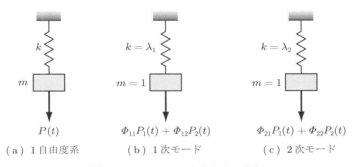

(a) 1自由度系　　(b) 1次モード　　(c) 2次モード

図 11.3 モードと 1 自由度系の対応

■ モーダルアナリシスの解析手順

上記の説明をまとめると，以下のようになる．

① 運動方程式を立てる
② 振動数方程式より固有振動数，振動モードを求める
③ 振動モードを正規化する
④ ①～③を使って時間関数に関する微分方程式(11.22), (11.23)を立て，これを解く

例題 11.2 例題 11.1 の固有振動数，固有モードを求め，例題 11.1 で導いた運動方程式をモードの正規化条件，直交条件を利用して，時間関数の式に変換せよ．また，定常振動を計算せよ．

解　振動数方程式は，自由振動の状態を考えればよいから，

$$P_1(t) = P_2(t) = 0$$

110 第 11 章　多自由度系の強制振動（モーダルアナリシス）

とおき，変位 y_1, y_2 を式(10.9)と同じく

$$y_1 = Y_1 \sin \omega t, \qquad y_2 = Y_2 \sin \omega t$$

と仮定すれば，例題 11.1 の自由振動時の運動方程式は，

$$\begin{bmatrix} -\omega^2 \times 1 \times 10^6 & 0 \\ 0 & -\omega^2 \times 2 \times 10^6 \end{bmatrix} \begin{Bmatrix} Y_1 \\ Y_2 \end{Bmatrix} + \begin{bmatrix} 5 \times 10^6 & -3 \times 10^6 \\ -3 \times 10^6 & 3 \times 10^6 \end{bmatrix} \begin{Bmatrix} Y_1 \\ Y_2 \end{Bmatrix} = \begin{Bmatrix} 0 \\ 0 \end{Bmatrix}$$

$$(11.25)$$

となる．したがって，振動数方程式は（式(10.13)参照）

$$\begin{vmatrix} 5 \times 10^6 - \omega^2 \times 1 \times 10^6 & -3 \times 10^6 \\ -3 \times 10^6 & 3 \times 10^6 - \omega^2 \times 2 \times 10^6 \end{vmatrix} = 0$$

となり，これを展開すると

$$(5 - \omega^2)(3 - 2\omega^2) - 9 = 0$$

$$2\omega^4 - 13\omega^2 + 6 = 0$$

となる．ここで，$\omega^2 = \lambda$ とおくと

$$2\lambda^2 - 13\lambda + 6 = 0$$

$$(2\lambda - 1)(\lambda - 6) = 0$$

$$\lambda_1 = \frac{1}{2}, \qquad \lambda_2 = 6$$

$$\omega_1 = 0.707, \qquad \omega_2 = 2.449 \ \mathrm{rad/s} \tag{11.26}$$

となる．固有振動数を式(11.25)に代入して，固有モードを求める（式(10.15), (10.16)参照）．

$$(5 \times 10^6 - \omega^2 \times 1 \times 10^6)Y_1 - 3 \times 10^6 Y_2 = 0$$

$$\frac{Y_1}{Y_2} = \frac{3 \times 10^6}{5 \times 10^6 - \omega^2 \times 1 \times 10^6} = \frac{3}{5 - \omega^2}$$

$\omega_1 = 0.707$ のとき，

$$\frac{Y_{11}}{Y_{12}} = \frac{3}{5 - 0.5} = \frac{2}{3}$$

$\omega_2 = 2.449$ のとき，

$$\frac{Y_{21}}{Y_{22}} = \frac{3}{5 - 6} = -3$$

ゆえに，基準振動モードは，

$$1 \text{次モード} \quad \begin{Bmatrix} Y_{11} \\ Y_{12} \end{Bmatrix} = \begin{Bmatrix} 2/3 \\ 1 \end{Bmatrix} \qquad 2 \text{次モード} \quad \begin{Bmatrix} Y_{21} \\ Y_{22} \end{Bmatrix} = \begin{Bmatrix} -3 \\ 1 \end{Bmatrix} \tag{11.27}$$

となる．正規化モードは，式(10.24a, b)と上式を用いて求めることができる．

11.3 モーダルアナリシスはすばらしい解析法 **111**

$$C_1 = \cfrac{1}{\sqrt{\cfrac{4}{9} \times 1 \times 10^6 + 1 \times 2 \times 10^6}} = \sqrt{\frac{9}{22} \times 10^{-6}}$$

$$C_2 = \frac{1}{\sqrt{9 \times 1 \times 10^6 + 1 \times 2 \times 10^6}} = \sqrt{\frac{1}{11} \times 10^{-6}}$$

$$\boldsymbol{\Phi}_1 = \begin{Bmatrix} \Phi_{11} \\ \Phi_{12} \end{Bmatrix} = C_1 \begin{Bmatrix} Y_{11} \\ Y_{12} \end{Bmatrix} = \sqrt{\frac{9}{22} \times 10^{-6}} \begin{Bmatrix} 2/3 \\ 1 \end{Bmatrix} = \begin{Bmatrix} 0.426 \times 10^{-3} \\ 0.640 \times 10^{-3} \end{Bmatrix}$$

$$\boldsymbol{\Phi}_2 = \begin{Bmatrix} \Phi_{21} \\ \Phi_{22} \end{Bmatrix} = C_2 \begin{Bmatrix} Y_{21} \\ Y_{22} \end{Bmatrix} = \sqrt{\frac{1}{11} \times 10^{-6}} \begin{Bmatrix} -3 \\ 1 \end{Bmatrix} = \begin{Bmatrix} -0.905 \times 10^{-3} \\ 0.302 \times 10^{-3} \end{Bmatrix}$$

正規化条件のチェック

$\boldsymbol{\Phi}_1{}^T \boldsymbol{M} \boldsymbol{\Phi}_1$

$$= \{0.426 \times 10^{-3} \quad 0.640 \times 10^{-3}\} \begin{bmatrix} 1 \times 10^6 & 0 \\ 0 & 2 \times 10^6 \end{bmatrix} \begin{Bmatrix} 0.426 \times 10^{-3} \\ 0.640 \times 10^{-3} \end{Bmatrix} = 1.0$$

$\boldsymbol{\Phi}_2{}^T \boldsymbol{M} \boldsymbol{\Phi}_2$

$$= \{-0.905 \times 10^{-3} \quad 0.302 \times 10^{-3}\} \begin{bmatrix} 1 \times 10^6 & 0 \\ 0 & 2 \times 10^6 \end{bmatrix} \begin{Bmatrix} -0.905 \times 10^{-3} \\ 0.302 \times 10^{-3} \end{Bmatrix} = 1.0$$

直交性のチェック

$\boldsymbol{\Phi}_1{}^T \boldsymbol{M} \boldsymbol{\Phi}_2$

$$= \{0.426 \times 10^{-3} \quad 0.640 \times 10^{-3}\} \begin{bmatrix} 1 \times 10^6 & 0 \\ 0 & 2 \times 10^6 \end{bmatrix} \begin{Bmatrix} -0.905 \times 10^{-3} \\ 0.302 \times 10^{-3} \end{Bmatrix} = 0.0$$

$\boldsymbol{\Phi}_2{}^T \boldsymbol{M} \boldsymbol{\Phi}_1$

$$= \{-0.905 \times 10^{-3} \quad 0.302 \times 10^{-3}\} \begin{bmatrix} 1 \times 10^6 & 0 \\ 0 & 2 \times 10^6 \end{bmatrix} \begin{Bmatrix} 0.426 \times 10^{-3} \\ 0.640 \times 10^{-3} \end{Bmatrix} = 0.0$$

式(11.22), (11.23)より, 時間関数に関する運動方程式は,

$$\ddot{q}_1 + \frac{1}{2}q_1 = 0.426 \times 10^{-3} \times 0.0 + 0.640 \times 10^{-3} \times 2 \times 10^4 \sin t$$

$$= 12.8 \sin t$$

$$\ddot{q}_2 + 6q_2 = -0.905 \times 10^{-3} \times 0.0 + 0.302 \times 10^{-3} \times 2 \times 10^4 \sin t$$

$$= 6.04 \sin t$$

となる. 時間関数に関する微分方程式の特解を求めると(例題 8.3 参照),

$$q_1 = \frac{12.8 \sin t}{\cfrac{1}{2} - 1} = -25.6 \sin t$$

$$q_2 = \frac{6.04 \sin t}{6 - 1} = 1.208 \sin t$$

となる．式 (11.16c) より

$$\begin{Bmatrix} y_1 \\ y_2 \end{Bmatrix} = \begin{Bmatrix} 0.426 \times 10^{-3} \\ 0.640 \times 10^{-3} \end{Bmatrix} \times (-25.6) \sin t + \begin{Bmatrix} -0.905 \times 10^{-3} \\ 0.302 \times 10^{-3} \end{Bmatrix} \times 1.208 \sin t$$

$$= \begin{Bmatrix} -12.0 \times 10^{-3} \\ -16.02 \times 10^{-3} \end{Bmatrix} \sin t$$

$$y_1 = -12.0 \times 10^{-3} \sin t \ [\mathrm{m}] = -1.20 \sin t \ [\mathrm{cm}]$$

$$y_2 = -16.02 \times 10^{-3} \sin t \ [\mathrm{m}] = -1.602 \sin t \ [\mathrm{cm}]$$

となる．

11.4　定常振動より振動特性がわかる

図 11.2 の振動系に対して，次式で与えられる周期力が作用する場合を考える．

$$P_1(t) = P_1 \sin \omega t$$

$$P_2(t) = 0 \tag{11.28}$$

静止している振動系に外力が作用すると，最初は 1 次，2 次の振動モードの自由振動が発生する [*] が，実在構造物では空気，材料内部の抵抗など，減衰要素が（わずかであっても）存在するので，時間の経過とともに自由振動は減衰する．ここでは，この自由振動が消滅した後の外力による定常振動について考える．自由振動を考慮する場合については，本章の演習問題の問 2 を参照されたい．この外力を式 (11.22)，(11.23) の右辺に使用した式の解は，式 (8.9a, b) を参照して，

$$q_1 = \frac{\Phi_{11} P_1}{\lambda_1 \left(1 - \dfrac{\lambda}{\lambda_1} \right)} \sin \omega t = \frac{\Phi_{11} P_1}{\lambda_1 - \lambda} \sin \omega t \quad (\lambda = \omega^2)$$

$$q_2 = \frac{\Phi_{21} P_1}{\lambda_2 \left(1 - \dfrac{\lambda}{\lambda_2} \right)} \sin \omega t = \frac{\Phi_{21} P_1}{\lambda_2 - \lambda} \sin \omega t \quad (\lambda = \omega^2)$$

となる．これを式 (11.16a, b) に代入して，

$$y_1(t) = \left(\frac{\Phi_{11}{}^2}{\lambda_1 - \lambda} + \frac{\Phi_{21}{}^2}{\lambda_2 - \lambda} \right) P_1 \sin \omega t = Y_{\mathrm{d}1} \sin \omega t \tag{11.29a}$$

$$y_2(t) = \left(\frac{\Phi_{12}\Phi_{11}}{\lambda_1 - \lambda} + \frac{\Phi_{22}\Phi_{21}}{\lambda_2 - \lambda} \right) P_1 \sin \omega t = Y_{\mathrm{d}2} \sin \omega t \tag{11.29b}$$

---

[*] 式 (11.22)，(11.23) は式 (11.24) と同じタイプの微分方程式で，この解は自由振動を生じる（例題 8.3 参照）．

ここに，Y_{d1}，Y_{d2} は質点 m_1，m_2 の動的な(dynamic)振動振幅を表す.

■起振機による振動試験　式(11.29a, b)において，$\lambda = \lambda_1$，または $\lambda = \lambda_2$ になると，分母が零になり共振の状態となる．λ が λ_1 に非常に近いと，第 2 項は第 1 項に比べて無視でき，1 次振動モードが顕著に現れる．同様に，λ が λ_2 に近いと，2 次振動モードが卓越する．起振機による振動試験では，起振機の回転数($\lambda = \omega^2$)を次第に増加させ，振幅が急に大になるときの振動数と振幅より，固有振動数，振動モードを測定する．減衰が小さい構造物に対してはこのような測定が可能であるが，減衰が大きいものに対してはこの共振現象が顕著に現れない場合もある.

■静的変位　式(11.29a)で，$\omega \to 0$ の極限を考えると，この式は静的荷重による変位を示す(8.3 節の(1)参照)．この場合，$\omega = 0$ であれば $\sin \omega t = 0$ になるのではないかと疑問をもつときには，ω の値が非常に小さいとして，$\sin \omega t_1 = 1$，すなわち $t_1 = \pi/(2\omega)$ の時刻における変位を考えるとよい．**静的変位応答**は式(11.29a, b)で $\lambda \to 0$，$\sin \omega t = 1$ として，次式で表される.

$$y_{1s} = \left(\frac{\Phi_{11}{}^2}{\lambda_1} + \frac{\Phi_{21}{}^2}{\lambda_2} \right) P_1 \tag{11.30a}$$

$$y_{2s} = \left(\frac{\Phi_{12}\Phi_{11}}{\lambda_1} + \frac{\Phi_{22}\Phi_{21}}{\lambda_2} \right) P_1 \tag{11.30b}$$

これより，静的変位は固有値と正規化モードを使用して求めることができ，これはまた動的変位の特別な場合であることがわかる．多自由度の場合，固有値と固有ベクトルを求めることにかなりの計算を必要とするので，静的問題をこのようにして求めることはしない．一般に，静的問題は剛性マトリックスを直接解くのが一番簡単である．しかし，静的変位が与えられていると，これを式(11.30a, b)より求めた結果と比較して固有値，振動モードが正しく得られているかどうかの検討ができる．**式(11.29)，(11.30)の分母は $\lambda_1 < \lambda_2$ であれば第 2 項のほうが小さくなるので，λ_1 の振動モードが大きくなることを理解してほしい.**

11.5　2 自由度系の地盤変位による振動

　地盤の振動によって生じる 2 自由度系の応答を求めてみよう．図 11.4 における地盤の振動 $\overline{y}(t)$ はラーメンの両柱間で一様であって，柱固定点間の相対変位はないものとする．質点 m_1，m_2 の水平移動 y_1，y_2 を図 11.4 (a)のようにとると，柱の復元力は，図(b)に示すとおりで(これは図 10.3 (b)と同じ)，m_1，m_2 の慣性力は，絶対変位 $y_1 + \overline{y}$，$y_2 + \overline{y}$ の加速度に支配される．基礎式は式(10.1)を参照して次式となる.

114 第 11 章 多自由度系の強制振動(モーダルアナリシス)

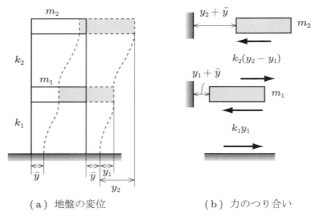

(a) 地盤の変位　　　　　(b) 力のつり合い

図 11.4　地盤変位を受ける系

$$m_1(\ddot{y}_1 + \ddot{\bar{y}}) = -k_1 y_1 + k_2(y_2 - y_1) \tag{11.31a}$$

$$m_2(\ddot{y}_2 + \ddot{\bar{y}}) = -k_2(y_2 - y_1) \tag{11.31b}$$

または,

$$m_1 \ddot{y}_1 + (k_1 + k_2) y_1 - k_2 y_2 = -m_1 \ddot{\bar{y}} \tag{11.32a}$$

$$m_2 \ddot{y}_2 - k_2 y_1 + k_2 y_2 = -m_2 \ddot{\bar{y}} \tag{11.32b}$$

となる.式(11.12)との比較より,地盤の振動は静止している構造物に,$-m_1\ddot{\bar{y}}$, $-m_2\ddot{\bar{y}}$ の外力が作用するものとして取り扱えばよいことがわかる.この振動系の固有値 λ_1 と λ_2,正規化モードが与えられているときには,モーダルアナリシスを用いた式(11.22),(11.23)は,

$$\ddot{q}_1 + \lambda_1 q_1 = \Phi_{11}(-m_1 \ddot{\bar{y}}) + \Phi_{12}(-m_2 \ddot{\bar{y}}) \tag{11.33a}$$

$$\ddot{q}_2 + \lambda_2 q_2 = \Phi_{21}(-m_1 \ddot{\bar{y}}) + \Phi_{22}(-m_2 \ddot{\bar{y}}) \tag{11.33b}$$

となる.振動変位 y_1 と y_2 は,式(11.33a, b)を解き,それを式(11.16a, b)に代入して求めることができる.ただし,絶対変位はこれに地盤の振動 $\bar{y}$ を加える必要がある(図(a)参照).

例題 11.3 図 11.4 の振動系で,水平方向地盤変位が $\bar{y} = 2 \times \sin \pi t$ [cm] で表されるときの各質点の相対変位を求めよ.ただし,$m_1 = 1.0 \times 10^6$ kg, $m_2 = 2.0 \times 10^6$ kg,$k_1 = 2.0 \times 10^6$ N/m, $k_2 = 3.0 \times 10^6$ N/m とする.

解　単位は N $=$ kg$\cdot$m/s^2 であるから,地盤変位は

$$\overline{y} = 2 \times \sin \pi t \,[\text{cm}] = 2 \times 10^{-2} \sin \pi t \,[\text{m}]$$

に直して用いる（例題 6.3 の脚注参照）．また，加速度は変位の 2 階微分

$$\ddot{\overline{y}} = -2\pi^2 \times 10^{-2} \sin \pi t$$

で求められる．この系の固有振動数と固有モードは例題 11.2 に与えられているので，これを用いると時間関数に関する微分方程式は，式(11.33a, b) より，

$$\ddot{q}_1 + \frac{1}{2}q_1 = 0.426 \times 10^{-3}\{-1 \times 10^6(-2\pi^2 \times 10^{-2} \sin \pi t)\}$$
$$+ 0.640 \times 10^{-3} \times \{-2 \times 10^6 \times (-2\pi^2 \times 10^{-2} \sin \pi t)\}$$
$$= 336.8 \sin \pi t$$

$$\ddot{q}_2 + 6q_2 = -0.905 \times 10^{-3}\{-1 \times 10^6(-2\pi^2 \times 10^{-2} \sin \pi t)\}$$
$$+ 0.302 \times 10^{-3} \times \{-2 \times 10^6 \times (-2\pi^2 \times 10^{-2} \sin \pi t)\}$$
$$= -59.42 \sin \pi t$$

$$q_1 = \frac{336.8 \sin \pi t}{\frac{1}{2} - \pi^2} = -35.95 \sin \pi t$$

$$q_2 = \frac{-59.42 \sin \pi t}{6 - \pi^2} = 15.36 \sin \pi t$$

となる．式(11.16c) より，

$$\begin{Bmatrix} y_1 \\ y_2 \end{Bmatrix} = \begin{Bmatrix} 0.426 \times 10^{-3} \\ 0.640 \times 10^{-3} \end{Bmatrix} \times (-35.95 \sin \pi t) + \begin{Bmatrix} -0.905 \times 10^{-3} \\ 0.302 \times 10^{-3} \end{Bmatrix} \times 15.36 \sin \pi t$$

$$= \begin{Bmatrix} -29.22 \times 10^{-3} \\ -18.37 \times 10^{-3} \end{Bmatrix} \sin \pi t$$

となる．ゆえに，質点 1，2 の相対変位 y_1，y_2 は，

$$y_1 = -29.22 \times 10^{-3} \sin \pi t \,[\text{m}] = -2.922 \sin \pi t \,[\text{cm}]$$

$$y_2 = -18.37 \times 10^{-3} \sin \pi t \,[\text{m}] = -1.837 \sin \pi t \,[\text{cm}]$$

となる．

11.6　モーダルアナリシスは多自由度系にも有効

　これまでの 2 自由度系に対する解析手法は，多自由度系に対してもそのまま適用できる．多自由度系ではマトリックス表示が必要であるが，解析内容はまったく同じである．

　自由度 N の多自由度系に対しても，運動方程式は式(11.15)と同じく次の表現となる．

116 第 11 章 多自由度系の強制振動（モーダルアナリシス）

$$\boldsymbol{M\ddot{y}} + \boldsymbol{Ky} = \boldsymbol{P}(t) \tag{11.34}$$

ここに，$\boldsymbol{M}$，$\boldsymbol{K}$，$\boldsymbol{y}$，$\boldsymbol{\ddot{y}}$ はそれぞれ，質量マトリックス，剛性マトリックス，変位ベクトル，加速度ベクトルであり，右辺の $\boldsymbol{P}(t)$ は（各質点に作用する）外力ベクトルとよばれるもので，その成分は，

$$\boldsymbol{P}(t) = \left\{ \begin{array}{c} P_1(t) \\ P_2(t) \\ \vdots \\ P_N(t) \end{array} \right\} \tag{11.35}$$

である．式(11.34)を解くには，まず，$\boldsymbol{P} = \boldsymbol{0}$ とした自由振動の式(10.36)の固有値 λ_n，正規化モード $\boldsymbol{\Phi}_n$ $(n = 1, 2, \ldots, N)$ を求める(10.7 節参照)．N は全自由度．

ここで，2 自由度系に対して行ったモーダルアナリシスの解析過程を，多自由度系に適用する．振動の変位 $\boldsymbol{y}$ を，次のように時間関数 $q_n(t)$ と $\boldsymbol{\Phi}_n$ $(n = 1, 2, \ldots, N)$ を組み合わせて表す(式(11.16c) に対応)．

$$\boldsymbol{y}(t) = \boldsymbol{\Phi}_1 q_1(t) + \boldsymbol{\Phi}_2 q_2(t) + \cdots + \boldsymbol{\Phi}_N q_N(t)$$

$$= \sum_{n=1}^{N} \boldsymbol{\Phi}_n q_n(t) \tag{11.36}$$

これの加速度 $\boldsymbol{\ddot{y}}(t)$ は次式となる(式(11.17c)に対応)．

$$\boldsymbol{\ddot{y}}(t) = \boldsymbol{\Phi}_1 \ddot{q}_1(t) + \boldsymbol{\Phi}_2 \ddot{q}_2(t) + \cdots + \boldsymbol{\Phi}_N \ddot{q}_N(t)$$

$$= \sum_{n=1}^{N} \boldsymbol{\Phi}_n \ddot{q}_n(t) \tag{11.37}$$

ここに，$\ddot{q}_n(t)$ は時間関数 $q_n(t)$ の時間に関する 2 階微分である．いま，$\boldsymbol{\Phi}$，$\boldsymbol{q}$，$\boldsymbol{\ddot{q}}$ を

$$\boldsymbol{\Phi} = [\boldsymbol{\Phi}_1 \ \boldsymbol{\Phi}_2 \ \cdots \ \boldsymbol{\Phi}_N] \tag{11.38a}$$

$$\boldsymbol{q} = \left\{ \begin{array}{c} q_1(t) \\ q_2(t) \\ \vdots \\ q_N(t) \end{array} \right\} \tag{11.38b}$$

$$\boldsymbol{\ddot{q}} = \left\{ \begin{array}{c} \ddot{q}_1(t) \\ \ddot{q}_2(t) \\ \vdots \\ \ddot{q}_N(t) \end{array} \right\} \tag{11.38c}$$

とおくと，式(11.36)，(11.37)は次式で表される．

$$\boldsymbol{y}(t) = \boldsymbol{\varPhi} \boldsymbol{q} \tag{11.39a}$$

$$\ddot{\boldsymbol{y}}(t) = \boldsymbol{\varPhi} \ddot{\boldsymbol{q}} \tag{11.39b}$$

ここに，$\boldsymbol{\varPhi}$ はモードマトリックス，$\boldsymbol{q}$ は時間関数ベクトルとよばれる．式(11.34)はモード間の直交関係を用いたモーダルアナリシスにより，最終的に式(11.43)が得られる．それまでの過程(式(11.40)〜(11.42))は飛ばしてよい．式(11.18a, b)により，復元力は慣性力に置き換えられる．多自由度では

$$\boldsymbol{K}\boldsymbol{y} = \lambda_1 \boldsymbol{M}\boldsymbol{\varPhi}_1 q_1 + \lambda_2 \boldsymbol{M}\boldsymbol{\varPhi}_2 q_2 + \cdots + \lambda_N \boldsymbol{M}\boldsymbol{\varPhi}_N q_N$$

$$= \boldsymbol{M} \sum_{n=1}^{N} \lambda_n \boldsymbol{\varPhi}_n q_n \tag{11.40}$$

となり，式(11.37)と式(11.40)を式(11.34)に代入して，次式を得る(式(11.19)に対応)．

$$\boldsymbol{M} \sum_{n=1}^{N} \boldsymbol{\varPhi}_n \ddot{q}_n(t) + \boldsymbol{M} \sum_{n=1}^{N} \lambda_n \boldsymbol{\varPhi}_n q_n = \boldsymbol{P}(t) \tag{11.41}$$

この連立方程式は，q_n のみを含む微分方程式に分離できる．このためには，前から $\boldsymbol{\varPhi}_n{}^T$ をかけると，

$$\boldsymbol{\varPhi}_n{}^T \boldsymbol{M} \sum_{i=1}^{N} \boldsymbol{\varPhi}_i \ddot{q}_i(t) + \boldsymbol{\varPhi}_n{}^T \boldsymbol{M} \sum_{i=1}^{N} \lambda_i \boldsymbol{\varPhi}_i q_i = \boldsymbol{\varPhi}_n{}^T \boldsymbol{P}(t) \tag{11.42}$$

となり，これに式(10.47)，(10.50)の正規化条件，直交条件を用いて，

$$\ddot{q}_n(t) + \lambda_n q_n(t) = \boldsymbol{\varPhi}_n{}^T \boldsymbol{P}(t) \quad (n = 1, 2, \ldots, N) \tag{11.43}$$

となる．上式は2自由度系に対して求めた式(11.22)，(11.23)に対応するものであり，これを解いて $q_n(t)$ を求め，これを式(11.36)に代入すれば，与えられた多自由度系の振動応答が求められる．式(11.43)は，2自由度系の式(11.22)，(11.23)に対応していることを確かめよ．

11.7　減衰をもつ多自由度系のモーダルアナリシス

　減衰を含む構造物は図 10.6 に示すようなものであり，これの自由振動の基礎式は式(10.35)で与えられる．この系は2自由度であるが，多自由度系になってもこれと同じタイプの基礎方程式が得られ，式中の $\boldsymbol{M}$，$\boldsymbol{C}$，$\boldsymbol{K}$ のマトリックスの次数が異なるだけである．外力 $\boldsymbol{P}$ が作用すると，式(10.35)の 右辺 ＝ (外力) とおいて，次の運動方程式が得られる．

$$\boldsymbol{M}\ddot{\boldsymbol{y}} + \boldsymbol{C}\dot{\boldsymbol{y}} + \boldsymbol{K}\boldsymbol{y} = \boldsymbol{P} \tag{11.44}$$

この式に対してもモーダルアナリシスの適用は可能であるが，この解析はかなり複雑で，入門程度では必要ないので省略する．ただし，減衰マトリックス C に次の関係

$$C = \alpha M + \beta K \tag{11.45}$$

があると直交関係が使用でき，上述のモーダルアナリシスが適用できる（ここに α，β は定数）．この減衰マトリックス C を Rayleigh（レイリー）減衰，または比例減衰とよぶが，式(11.45) の C は M と K に定数 α，β をかけたものであることに注意する．本来，減衰は図 10.6 のように構造物の内部，外部の要因によって生じるものであるから，C は M と K に無関係なものであるべきである．しかし，式(11.45)で表される減衰を使用すると上述のモーダルアナリシスが可能となるので，近似的にこれを使用して解析されることがある．

演習問題

1. 図 11.5 の 2 層ラーメンについて，次の問いに答えよ．
(1) 運動方程式を立て，振動数方程式を求めよ．
(2) 固有振動数，固有モードを求め，正規化モードを計算せよ．
(3) モーダルアナリシスにより，運動方程式を時間関数の式に変換せよ．
(4) 4 個の積分定数を用いて自由振動の変位応答を求めよ．
(5) (3) を解いて定常振動の変位応答を求めよ．
(6) 初期条件として，質点 m_1，m_2 の変位が 2.0 cm，3.0 cm，速度が 0.0 cm/s，0.0 cm/s のとき，(4)，(5) の解より，動的応答を計算せよ．

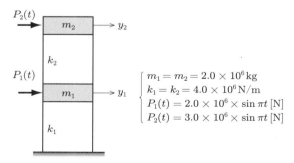

図 11.5　2 層ラーメン

2. 図 11.6 (a) に示す 2 自由度系に，図(b) に示す余弦波外力が作用するときの応答を，モーダルアナリシスにより求めよ．ただし，初期条件は $t = 0$ において質点 m_1，m_2 ともに，（速度）$= 0$ m/s，（変位）$= 0$ m とする．

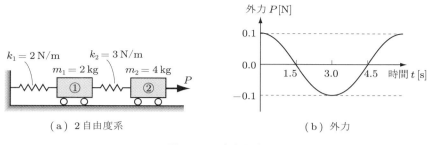

(a) 2自由度系　　　　　　　　　(b) 外力

図 11.6　2自由度系

第**12**章
逐次積分法による構造物の振動応答

応答を直接的に求める

　地震波などによる不規則外力に対しては，第9章で述べたインパルス応答や単位ス
テップ応答を利用して，構造物の応答を計算することができる．これらの方法は自由
振動の式をもとにして解を求めているので，あらかじめ，その振動系の固有振動数，
固有モードを計算しておく必要がある．これに対して，以下に述べる数値計算法は運
動方程式をある微小な時間間隔ごとに数値的に積分する方法で，固有振動数，固有
モードを必要としない数値積分法である．この方法は，時間を時間間隔 Δt で分割し
たときのあるステップ (i) の加速度，速度，変位（＝応答）を用いて，Δt 時間後のス
テップ $(i+1)$ での加速度，速度，変位を近似的に計算し，次にステップ $(i+1)$ での応
答を既知量としてステップ $(i+2)$ での応答を求める．この操作を目的の時間まで順次
繰り返していく．
　この方法は別名，**逐次積分法**(step-by-step integration method)あるいは**数値積分
法**とよばれ，線形加速度法，Newmark の β 法，Wilson の θ 法，Runge-Kutta 法な
ど，種々の方法があるが，本章では通常よく利用される Newmark の β 法について述
べる．逐次積分法を利用して運動方程式を解く場合，いずれの方法を用いても解は近
似解であり，ときには計算途中で発散することもあるので注意を要する．

12.1　Newmark の β 法とはどういう方法なのか

　図 12.1 (a) に示す 1 自由度系の運動方程式は，図 8.1 (b) のつり合いを参考にして

$$m\ddot{y} + c\dot{y} + ky = P(t) \tag{12.1}$$

と表せる．ここに，m, c, k はそれぞれ，質量，減衰係数，バネ定数であり，$\ddot{y}$, $\dot{y}$,
y はそれぞれ，加速度，速度，変位である．いま，外力 $P(t)$ を微小時間 Δt 間隔に区
分し，図 (b) のようなインパルスの集合と考え，(i) 番目，$(i+1)$ 番目の外力の大きさを
P_i, P_{i+1} で表す．運動方程式は，P_{i+1} の作用する時刻 $\Delta t \times (i+1)$ において次のよ
うに表記できる．

$$m\ddot{y}_{i+1} + c\dot{y}_{i+1} + ky_{i+1} = P_{i+1} \tag{12.2}$$

ここで，$\ddot{y}_{i+1}$, $\dot{y}_{i+1}$, y_{i+1} は，ステップ $(i+1)$ における加速度，速度，変位である．

12.1 Newmarkのβ法とはどういう方法なのか

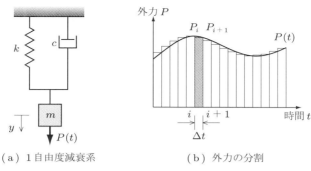

(a) 1自由度減衰系 　　　(b) 外力の分割

図 12.1　1自由度減衰系に作用する外力の分割

Newmarkのβ法に入る前に，平均加速度法と線形加速度法とよばれる次の二つの方法について説明する．

(1) 平均加速度法(average acceleration method)

この方法は，ステップ(i)とステップ$(i+1)$における加速度$\ddot{y}_i$と$\ddot{y}_{i+1}$を，Δt時間内ではその平均であると仮定する(図12.2(a)参照)．実際は例題9.5の応答に見られるように，sin，cosの関数であるので，この平均加速度法の仮定を満足する程度に時間間隔を小にする必要がある．すなわち，時間間隔Δt内のτにおける加速度は，

$$\ddot{y}_\tau = \frac{1}{2}(\ddot{y}_i + \ddot{y}_{i+1}) \tag{12.3}$$

となり，速度，変位は積分して(図(b)，(c)参照)，

$$\dot{y}_\tau = \dot{y}_i + \frac{1}{2}\tau(\ddot{y}_i + \ddot{y}_{i+1}) \tag{12.4}$$

$$y_\tau = y_i + \tau\dot{y}_i + \frac{1}{4}\tau^2(\ddot{y}_i + \ddot{y}_{i+1}) \tag{12.5}$$

となる．$\tau = \Delta t$のとき，$\ddot{y}_\tau = \ddot{y}_{i+1}$，$\dot{y}_\tau = \dot{y}_{i+1}$，$y_\tau = y_{i+1}$であるから，ステップ$(i+1)$では

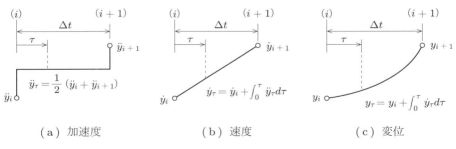

(a) 加速度 　　　(b) 速度 　　　(c) 変位

図 12.2　時間間隔内の変化($\beta = 1/4$に対応)

$$\dot{y}_{i+1} = \dot{y}_i + \frac{1}{2}\Delta t(\ddot{y}_i + \ddot{y}_{i+1}) \tag{12.6}$$

$$y_{i+1} = y_i + \Delta t \dot{y}_i + \frac{1}{4}\Delta t^2(\ddot{y}_i + \ddot{y}_{i+1}) \tag{12.7}$$

となる．

（2） 線形加速度法(linear acceleration method)

　この方法は，Δt 時間内の加速度は $\ddot{y}_i$ から $\ddot{y}_{i+1}$ へ直線的に変化すると仮定する(図 12.3 (a)参照)．すなわち，τ における加速度，速度，変位は

$$\ddot{y}_\tau = \ddot{y}_i + \frac{\tau}{\Delta t}(\ddot{y}_{i+1} - \ddot{y}_i) \tag{12.8}$$

$$\dot{y}_\tau = \dot{y}_i + \tau \ddot{y}_i + \frac{\tau^2}{2\Delta t}(\ddot{y}_{i+1} - \ddot{y}_i) \tag{12.9}$$

$$y_\tau = y_i + \tau \dot{y}_i + \frac{\tau^2}{2}\ddot{y}_i + \frac{\tau^3}{6\Delta t}(\ddot{y}_{i+1} - \ddot{y}_i) \tag{12.10}$$

となる．$\tau = \Delta t$ のとき，$\ddot{y}_\tau = \ddot{y}_{i+1}$，$\dot{y}_\tau = \dot{y}_{i+1}$，$y_\tau = y_{i+1}$ であるから，ステップ $(i+1)$ では

$$\dot{y}_{i+1} = \dot{y}_i + \frac{\Delta t}{2}(\ddot{y}_i + \ddot{y}_{i+1}) \tag{12.11}$$

$$y_{i+1} = y_i + \Delta t \dot{y}_i + \frac{\Delta t^2}{3}\ddot{y}_i + \frac{\Delta t^2}{6}\ddot{y}_{i+1} \tag{12.12}$$

となる(図(b)，(c)参照)．

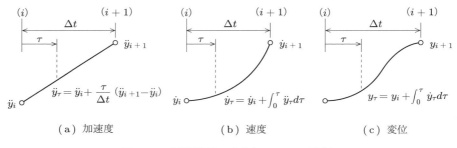

図 12.3　時間間隔内の変化($\beta = 1/6$ に対応)

（3） Newmark の β 法

　この手法の提案者である N.M. Newmark は，時間間隔内の加速度変化を表す定数 β を用いて，ステップ $(i+1)$ での速度，変位を次式のように仮定している．

$$\dot{y}_{i+1} = \dot{y}_i + \frac{1}{2}\Delta t(\ddot{y}_i + \ddot{y}_{i+1}) \tag{12.13}$$

$$y_{i+1} = y_i + \Delta t \dot{y}_i + \left(\frac{1}{2} - \beta\right)\Delta t^2 \ddot{y}_i + \beta \Delta t^2 \ddot{y}_{i+1} \tag{12.14}$$

ここで，$\beta = 1/4$，$1/6$ とおけば，平均加速度法と線形加速度法の式に対応する．式 (12.13)，(12.14) の速度 $\dot{y}_{i+1}$，変位 y_{i+1} は，加速度 $\ddot{y}_{i+1}$ が求められれば決定することができる．$\ddot{y}_{i+1}$ の求め方については 12.2 節，12.3 節で詳述する．β の値はいくつでもよいが，$1/4$，$1/6$ がよく用いられる．Newmark の β 法は，平均加速度法と線形加速度法で立てた基礎式を，β という一つのパラメータでまとめたと考えられる．

　上述したように，Newmark の β 法による解（加速度，速度，変位）は時間間隔 Δt の関数として表されるから，解の精度は Δt の大きさに左右されることになる．Δt が解析しようとする系の固有周期 T_n の $1/10$ 程度の大きさであれば，$\beta = 1/6$ は安定で（発散しない），精度のよい解を与える．しかし，Δt が $T_n/3$ のように大きな値になれば，$\beta = 1/6$ は不安定な（発散する）解を与える．

　ここで注意を要するのは，この固有周期 T_n は多自由度系の場合，そのすべての次数の固有周期が対象となることである．多自由度系は前述のモーダルアナリシスにより，各固有振動数ごとの 1 自由度系に分解できるので（たとえば式 (11.43)），最小固有周期が問題になることは推測できるだろう．いま，最大周期が 1 秒，最小周期が 0.01 秒とすると，Δt を最小周期の $1/10$ にとれば，$\Delta t \fallingdotseq 0.001$ 秒となり，最大周期の 1 周期分だけの計算で 1000 ステップの計算が必要となる．

■解の安定性　　$\beta = 1/4$ は，後に示す理由で時間間隔の大きさにかかわらず無条件に安定な解を与えるが，Δt が大きいと応答に位相遅れを伴う．時間間隔 Δt の大きさによって，計算された応答が発散したり，位相遅れを伴う原因は，図 12.2，12.3 に示すような解析手法に含まれる加速度の仮定にある．これは加速度を仮定したために，時間間隔内では実際の外力と異なる外力の作用する系を解いていることに等しい．たとえば，$\beta = 1/4$ のとき，ステップ (i) とステップ $(i+1)$ の時間間隔内に作用する外力を計算してみる．ステップ (i) とステップ $(i+1)$ の間の任意時間 τ においても，式 (12.2) のような運動方程式は成立するから，その式の左辺に式 (12.3)〜(12.5) を代入すると，

$$m\ddot{y}_\tau + c\dot{y}_\tau + ky_\tau$$
$$= m\ddot{y}_i + c\dot{y}_i + ky_i + \frac{1}{2}m\left(\ddot{y}_{i+1} - \ddot{y}_i\right) + \frac{\tau}{2}c(\ddot{y}_i + \ddot{y}_{i+1})$$
$$+ k\left\{\tau\dot{y}_i + \frac{\tau^2}{4}(\ddot{y}_i + \ddot{y}_{i+1})\right\}$$
$$= P_i + \frac{1}{2}m(\ddot{y}_{i+1} - \ddot{y}_i) + \tau\left\{\frac{1}{2}c(\ddot{y}_i + \ddot{y}_{i+1}) + k\dot{y}_i\right\}$$
$$+ \tau^2\left\{\frac{1}{4}k(\ddot{y}_i + \ddot{y}_{i+1})\right\}$$

$$\neq P_i \tag{12.15}$$

となる．この左辺は Δt 時間内で外力 P_i と等しく一定であることが必要なのに，τ の 2 次関数となっており，外力 P_i とは異なる外力が作用している系を解いていることがわかる．したがって，外力 P_i と式 (12.15) の左辺との差の力（誤差外力）と変位とが，仕事をするために生じるエネルギー（誤差エネルギー）として各時間間隔ごとに蓄えられたり，放出されたりする．正の誤差エネルギーがステップごとに蓄積されて大となると，求められる応答は発散してしまう（図 12.4 (a)）．反対に，負の誤差エネルギーが大となると，求められる応答はある値に収束してしまい，ついには振動しなくなる．$\beta = 1/4$ では，時間間隔内の任意点での誤差エネルギーは存在する（図 (b)）が，時間間隔内の誤差エネルギーの積分値は零となるため，応答は安定である．しかし，誤差エネルギーが任意ステップで存在するために，位相遅れを伴うことになる．

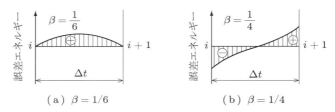

図 12.4　Newmark の β 法の時間間隔内の誤差エネルギー

これらのトラブルは，時間間隔 Δt を小さくすることによって取り除くことができるが，計算に要する手数，計算費用の面から Δt を小さくするのにも制約が加わる．逐次積分法では，計算精度と Δt の大きさの関係は重要な問題である．すなわち，Δt を大きくとれば繰返し回数は減り，計算量は少なくなるが精度が悪くなり，Δt を小さくすれば計算量は多くなるが，精度は良くなるという具合である．この Δt のとり方については 12.4 節を参照されたい．

12.2　1 自由度系の計算に使用しよう

図 12.1 (a) の 1 自由度系の強制振動を，前述した Newmark の β 法を用いて解く方法について述べる．図 (b) のように外力を区分したときのステップ $(i+1)$ における運動方程式は，

$$m\ddot{y}_{i+1} + c\dot{y}_{i+1} + ky_{i+1} = P_{i+1} \tag{12.16}$$

であり，速度，変位は次式のように仮定されている．

$$\dot{y}_{i+1} = \dot{y}_i + \frac{\Delta t}{2}(\ddot{y}_i + \ddot{y}_{i+1}) \tag{12.17}$$

$$y_{i+1} = y_i + \Delta t \dot{y}_i + \left(\frac{1}{2} - \beta\right)\Delta t^2 \ddot{y}_i + \beta \Delta t^2 \ddot{y}_{i+1} \tag{12.18}$$

ここで，式(12.17)，(12.18)を式(12.16)に代入して，未知数 $\ddot{y}_{i+1}$ を求める式を導くと，

$$\ddot{y}_{i+1} = \left(m + \frac{\Delta t}{2}c + \beta \Delta t^2 k\right)^{-1}$$
$$\left[P_{i+1} - c\left(\dot{y}_i + \frac{\Delta t}{2}\ddot{y}_i\right) - k\left\{y_i + \Delta t \dot{y}_i + \left(\frac{1}{2} - \beta\right)\Delta t^2 \ddot{y}_i\right\}\right] \tag{12.19}$$

したがって，計算の順序は式(12.19)で加速度 $\ddot{y}_{i+1}$ を求め，式(12.17)，(12.18)で速度 $\dot{y}_{i+1}$，変位 y_{i+1} を求める．次に，$\ddot{y}_{i+1}$, $\dot{y}_{i+1}$, y_{i+1} を既知量として，ステップ $(i+2)$ での加速度，速度，変位を計算する．フローチャートを描くと図12.5のようになる．一般に初期条件としては，時間 $t=0$ のときの速度 $\dot{y}_0$，変位 y_0 を与えられることが多く，これを用いて順次計算する．$t=0$ における加速度 $\ddot{y}_0$ は，式(12.16)で $i+1=0$ とおくと，

$$m\ddot{y}_0 + c\dot{y}_0 + ky_0 = P_0$$
$$\therefore \quad \ddot{y}_0 = \frac{P_0 - c\dot{y}_0 - ky_0}{m} \tag{12.20}$$

となる．

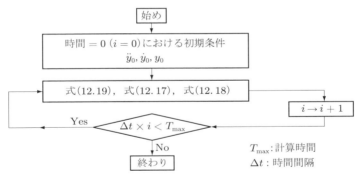

図 12.5　1自由度系の計算のフローチャート

12.3　多自由度系の計算に使用しよう

減衰をもつ多自由度系の運動方程式は式(11.44)より，

$$\boldsymbol{M}\ddot{\boldsymbol{y}} + \boldsymbol{C}\dot{\boldsymbol{y}} + \boldsymbol{K}\boldsymbol{y} = \boldsymbol{P}(t) \tag{12.21}$$

で表される．1自由度系と同様に，時間を時間間隔 Δt で区切った任意ステップ $(i+1)$ での運動方程式は，

$$M\ddot{\boldsymbol{y}}_{i+1} + C\dot{\boldsymbol{y}}_{i+1} + K\boldsymbol{y}_{i+1} = \boldsymbol{P}_{i+1} \tag{12.22}$$

となる．ここに，$\ddot{\boldsymbol{y}}_{i+1}$，$\dot{\boldsymbol{y}}_{i+1}$，$\boldsymbol{y}_{i+1}$ はステップ$(i+1)$での加速度ベクトル，速度ベクトル，変位ベクトルである．Newmarkのβ法のステップ$(i+1)$での速度ベクトル，変位ベクトルは，1自由度系の場合と同様に次式で仮定される．

$$\dot{\boldsymbol{y}}_{i+1} = \dot{\boldsymbol{y}}_i + \frac{\Delta t}{2}(\ddot{\boldsymbol{y}}_i + \ddot{\boldsymbol{y}}_{i+1}) \tag{12.23}$$

$$\boldsymbol{y}_{i+1} = \boldsymbol{y}_i + \Delta t \dot{\boldsymbol{y}}_i + \left(\frac{1}{2} - \beta\right)\Delta t^2 \ddot{\boldsymbol{y}}_i + \beta \Delta t^2 \ddot{\boldsymbol{y}}_{i+1} \tag{12.24}$$

上式を式(12.22)に代入して，未知加速度ベクトル $\ddot{\boldsymbol{y}}_{i+1}$ を求める式を導くと，

$$\begin{aligned}\ddot{\boldsymbol{y}}_{i+1} = &\left(M + \frac{\Delta t}{2}C + \beta \Delta t^2 K\right)^{-1}\left[\boldsymbol{P}_{i+1} - C\left(\dot{\boldsymbol{y}}_i + \frac{\Delta t}{2}\ddot{\boldsymbol{y}}_i\right)\right.\\ &\left. - K\left\{\boldsymbol{y}_i + \Delta t \dot{\boldsymbol{y}}_i + \left(\frac{1}{2} - \beta\right)\Delta t^2 \ddot{\boldsymbol{y}}_i\right\}\right]\end{aligned} \tag{12.25}$$

となる．したがって，ステップ(i)での応答 $\ddot{\boldsymbol{y}}_i$，$\dot{\boldsymbol{y}}_i$，$\boldsymbol{y}_i$ を既知量としてステップ$(i+1)$での応答 $\ddot{\boldsymbol{y}}_{i+1}$，$\dot{\boldsymbol{y}}_{i+1}$，$\boldsymbol{y}_{i+1}$ を求めるための計算の順序は，まず，式(12.25)から加速度ベクトル $\ddot{\boldsymbol{y}}_{i+1}$ を求め，これを式(12.23)，(12.24)に順次代入して，速度ベクトル $\dot{\boldsymbol{y}}_{i+1}$，変位ベクトル $\boldsymbol{y}_{i+1}$ を計算し，次に $\ddot{\boldsymbol{y}}_{i+1}$，$\dot{\boldsymbol{y}}_{i+1}$，$\boldsymbol{y}_{i+1}$ を既知量として，ステップ$(i+2)$での加速度，速度，変位を計算する．フローチャートを描くと図12.6のようになる．

1自由度系の場合と同様に，初期条件は時間 $t = 0$ $(i = 0)$ のときの速度ベクトル $\dot{\boldsymbol{y}}_0$，変位ベクトル $\boldsymbol{y}_0$ を与えられることが多い．この場合，初期加速度ベクトル $\ddot{\boldsymbol{y}}_0$ は式(12.22)で，$i + 1 = 0$ とおいて求められる．

$$M\ddot{\boldsymbol{y}}_0 + C\dot{\boldsymbol{y}}_0 + K\boldsymbol{y}_0 = \boldsymbol{P}_0$$

$$\therefore \quad \ddot{\boldsymbol{y}}_0 = M^{-1}(\boldsymbol{P}_0 - C\dot{\boldsymbol{y}}_0 - K\boldsymbol{y}_0) \tag{12.26}$$

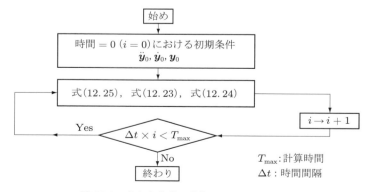

図 12.6　多自由度系の計算のフローチャート

このとき，質量マトリックス M は集中質量の場合，対角マトリックスとなり，その逆マトリックス M^{-1} は M の対角要素の逆数で簡単に求められる．

12.4 時間間隔 Δt のとり方

■**振動系より Δt を決める**　　Newmark の β 法の精度は，Newmark によって，表12.1 のように与えられている．これは 1 自由度系の構造物に対する誤差を示すものである．この表から，固有周期 T に対する時間間隔 Δt の比（$\Delta t/T$）が 1/5 から 1/6 の刻みを用いると，$\beta = 1/6$，1/4 ではある程度の精度を期待できる．多自由度系はモード解析により 1 自由度系に変換できることを第 11 章で述べたが，多自由度系では固有値解析で得られる固有周期のうち，最小固有周期 $T_{\min}$ の 1/5 から 1/6 の時間間隔を用いる必要がある．

　振動系によっては，最大固有周期 $T_{\max}$ と最小固有周期 $T_{\min}$ との比 $r = T_{\max}/T_{\min}$ の値が $10^4 \sim 10^8$ 程度になることもある．この場合，$T_{\min}$ の 1/5～1/6 の時間間隔の Δt を用いると，$T_{\max}$ の時間内の計算だけで $10^4 \sim 10^8$ 回の繰返し回数が必要となり，実用的でない．時間間隔を $T_{\min}/5 \sim T_{\min}/6$ のように十分に小さくとれない場合には，

表 12.1　Newmark の β 法の精度

$\Delta t/T$ ＼ β	0	1/12	1/8	1/6	1/4
（a）　周期の相対的な誤差					
0.05	-0.004	0.000025	0.002	0.004	0.008
0.10	-0.017	-0.0003	0.008	0.017	0.033
0.20	-0.076	-0.006	0.028	0.059	0.121
0.25	-0.130	-0.015	0.038	0.087	0.179
0.318	-0.363	-0.045	0.0203	0.129	0.273
0.389	$*$	-0.200	0.035	0.170	0.382
0.450	$*$	$*$	-0.100	0.195	0.480
（b）　初期速度に対する振動振幅の相対誤差					
0.05	0.012	0.008	0.006	0.004	0
0.10	0.052	0.034	0.025	0.017	0
0.20	0.285	0.166	0.116	0.073	0
0.25	0.614	0.306	0.202	0.122	0
0.318	∞	0.732	0.414	0.225	0
0.389	∞	∞	1.000	0.414	0
0.450	∞	∞	∞	0.732	0

$\beta = 1/6$ では応答が発散する事態に陥る危険性もある．$\beta = 1/4$ では Δt の大きさに無関係に安定であるが，Δt が上記の条件を満足していないと応答に位相遅れを伴う．しかし，多自由度系では最小固有周期が判明しない状態で応答計算を求める場合も多くあり，このときには $\beta = 1/4$ の値を用いて応答計算を行うほうが安全である．

■**振動外力より Δt を決める**　いままでは，解析する振動系自体の特性に注目して，時間間隔 Δt を決定する方法について述べたが，外力の特性より決定される場合も生じる．たとえば，図 12.7 に示すエルセントロ (El Centro) 地震波のような不規則加速度波形を表現するためには，0.02 秒以下の時間間隔が必要である．

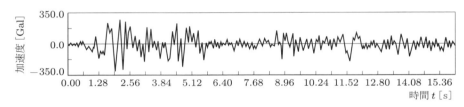

図 12.7　エルセントロ地震の加速度波形

以上のことから，時間間隔の大きさは

① 振動系の最小固有周期から決められる時間間隔
② 外力を表現するのに必要な時間間隔

の順に満足するように決める必要がある．$\beta = 1/4$ を使用すれば，応答に位相遅れを伴うが，①の条件が緩和される．

12.5　振動応答を計算してみよう

数値計算例として，1 自由度系，2 自由度系の応答計算を表 12.2 の各方法で行い，得られた応答を比較してみよう．

表 12.2　数値計算例（○印の方法で計算）

	Newmark の β 法		微分方程式の解
	$\beta = 1/4$	$\beta = 1/6$	
1 自由度系	○	○	○
2 自由度系	○		

例題 12.1 図12.8(a)に示す1自由度系に，図(b)のステップ外力が時間 $t=0$ より作用したときの応答を，(時間間隔 Δt)/(固有周期 T) が 1/10，1/5 の場合について求めよ．ただし，初期条件は $t=0$ のとき，速度 $\dot{y}_0=0$，変位 $y_0=0$ とする．

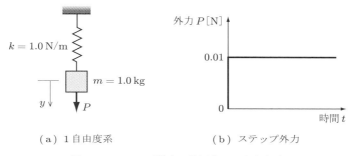

(a) 1自由度系　　　　(b) ステップ外力

図12.8　ステップ外力の作用する1自由度系

解　運動方程式は
$$\ddot{y} + y = 0.01$$
となる．初期加速度は初期条件と式(12.20)より，
$$\ddot{y}_0 = (0.01 - 0.0 \times 0.0 - 1.0 \times 0.0)/1.0$$
$$= 0.01 \text{ m/s}^2$$
となる．したがって，時間 $t=0$ での応答(初期条件)は，
$$\ddot{y}_0 = 0.01 \text{ m/s}^2, \quad \dot{y}_0 = 0.0 \text{ m/s}, \quad y_0 = 0.0 \text{ m}$$
となる．系の固有周期 T は，
$$T = \frac{2\pi}{\sqrt{\dfrac{k}{m}}} = \frac{2\pi}{1} = 2\pi \text{ [s]} \quad \text{であるから，}$$

$\dfrac{\Delta t}{T} = \dfrac{1}{10}$ のとき，$\Delta t = \dfrac{T}{10} = 0.2\pi$ [s]

$\dfrac{\Delta t}{T} = \dfrac{1}{5}$ のとき，$\Delta t = \dfrac{T}{5} = 0.4\pi$ [s]

(1) $\dfrac{\Delta t}{T} = \dfrac{1}{10}$ のときの応答

(a) Newmark の β 法 ($\beta = 1/4$) は，式(12.19)，(12.17)，(12.18)で $\beta = 1/4$ とおいて解く．
$$\ddot{y}_{i+1} = \left\{ 1.0 + \frac{1}{2} \times 0.2\pi \times 0 + \frac{1}{4} \times (0.2\pi)^2 \times 1 \right\}^{-1}$$

第 12 章 逐次積分法による構造物の振動応答

$$\left\{0.01 - 0 \times \left(\dot{y}_i + \frac{0.2\pi}{2} \times \ddot{y}_i\right)\right.$$
$$\left. - 1.0 \times \left(y_i + 0.2\pi \times \dot{y}_i + \frac{1}{4} \times (0.2\pi)^2 \ddot{y}_i\right)\right\}$$
$$= \left(1.0 + \frac{\pi^2}{100}\right)^{-1} \left\{0.01 - \left(y_i + \frac{\pi}{5}\dot{y}_i + \frac{\pi^2}{100}\ddot{y}_i\right)\right\} \tag{12.27}$$

$$\dot{y}_{i+1} = \dot{y}_i + \frac{\pi}{10}(\ddot{y}_i + \ddot{y}_{i+1}) \tag{12.28}$$

$$y_{i+1} = y_i + \frac{\pi}{5}\dot{y}_i + \frac{\pi^2}{100}(\ddot{y}_i + \ddot{y}_{i+1}) \tag{12.29}$$

(b) Newmark の β 法 ($\beta = 1/6$) は，式 (12.19)，(12.17)，(12.18) で $\beta = 1/6$ とおいて解く．

$$\ddot{y}_{i+1} = \left(1.0 + \frac{\pi^2}{150}\right)^{-1} \left\{0.01 - \left(y_i + \frac{\pi}{5}\dot{y}_i + \frac{\pi^2}{75}\ddot{y}_i\right)\right\} \tag{12.30}$$

$$\dot{y}_{i+1} = \dot{y}_i + \frac{\pi}{10}(\ddot{y}_i + \ddot{y}_{i+1}) \tag{12.31}$$

$$y_{i+1} = y_i + \frac{\pi}{5}\dot{y}_i + \frac{\pi^2}{75}\ddot{y}_i + \frac{\pi^2}{150}\ddot{y}_{i+1} \tag{12.32}$$

式 (12.27)～(12.29)，式 (12.30)～(12.32) で求めた変位応答を，図 12.9 (a) に示している．

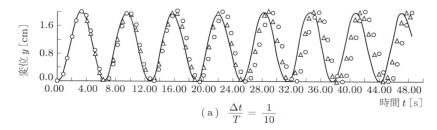

(a) $\dfrac{\Delta t}{T} = \dfrac{1}{10}$

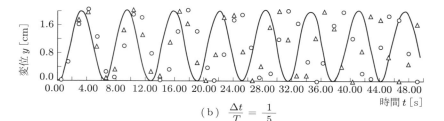

(b) $\dfrac{\Delta t}{T} = \dfrac{1}{5}$

図 12.9　1 自由度系の変位応答 (計算したステップのみプロット)

12.5 振動応答を計算してみよう **131**

（2） $\dfrac{\Delta t}{T} = \dfrac{1}{5}$ のときの応答

（a） Newmark の β 法 $(\beta = 1/4)$

$$\ddot{y}_{i+1} = \left(1.0 + \frac{\pi^2}{25}\right)^{-1}\left\{0.01 - \left(y_i + \frac{2\pi}{5}\dot{y}_i + \frac{\pi^2}{25}\ddot{y}_i\right)\right\} \tag{12.33}$$

$$\dot{y}_{i+1} = \dot{y}_i + \frac{\pi}{5}(\ddot{y}_i + \ddot{y}_{i+1}) \tag{12.34}$$

$$y_{i+1} = y_i + \frac{2\pi}{5}\dot{y}_i + \frac{\pi^2}{25}(\ddot{y}_i + \ddot{y}_{i+1}) \tag{12.35}$$

（b） Newmark の β 法 $(\beta = 1/6)$

$$\ddot{y}_{i+1} = \left(1.0 + \frac{2\pi^2}{75}\right)^{-1}\left\{0.01 - \left(y_i + \frac{2\pi}{5}\dot{y}_i + \frac{4\pi^2}{75}\ddot{y}_i\right)\right\} \tag{12.36}$$

$$\dot{y}_{i+1} = \dot{y}_i + \frac{\pi}{5}(\ddot{y}_i + \ddot{y}_{i+1}) \tag{12.37}$$

$$y_{i+1} = y_j + \frac{2\pi}{5}\dot{y}_i + \frac{4\pi^2}{75}\ddot{y}_i + \frac{2\pi^2}{75}\ddot{y}_{i+1} \tag{12.38}$$

式 (12.33)〜(12.35)，式 (12.36)〜(12.38) で求めた変位応答を図 (b) に示している．

（3） 微分方程式の解（例題 9.4 参照）

$$\ddot{y} + y = 0.01$$

上式を解くと，

$$y = A\cos t + B\sin t + 0.01$$

$$\dot{y} = -A\sin t + B\cos t$$

となる．$t = 0$ のとき，$\dot{y}_0 = 0$，$y_0 = 0$ より，

$$A + 0.01 = 0 \qquad \therefore \quad A = -0.01$$

$$B = 0 \qquad\qquad \therefore \quad B = 0.0$$

となる．したがって，解は

$$y = -0.01 \times \cos t + 0.01 \tag{12.39}$$

ただし，式 (12.39) の単位は m である．変位応答は図 12.9 に図示している．

例題 12.2 図 12.10 (a) に示す 2 自由度バネ – 質点系に図 (b) に示す余弦波外力が作用するときの応答を，Newmark の β 法 $(\beta = 1/4)$ により求めよ．Newmark の β 法 $(\beta = 1/4)$ の時間間隔は，最小固有周期の 1/5 とせよ．ただし，初期条件は $t = 0$ において質点 m_1，m_2 ともに，（速度）$= 0$ m/s，（変位）$= 0$ m とする．

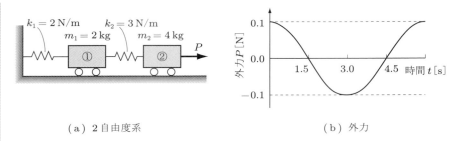

(a) 2自由度系　　　　　　　　　　　(b) 外力

図 12.10　2 自由度バネ-質点系

解　運動方程式は式(11.15)より

$$M\ddot{y} + Ky = P$$

となり，マトリックスの内容を表示すると次式となる．

$$\begin{bmatrix} 2 & 0 \\ 0 & 4 \end{bmatrix} \begin{Bmatrix} \ddot{y}_1 \\ \ddot{y}_2 \end{Bmatrix} + \begin{bmatrix} 5 & -3 \\ -3 & 3 \end{bmatrix} \begin{Bmatrix} y_1 \\ y_2 \end{Bmatrix} = \begin{Bmatrix} 0 \\ 0.1\cos(\pi t/3) \end{Bmatrix}$$

(1) 固有値解析

系の固有振動数，固有モードを求める．振動数方程式は式(10.13)より，

$$\begin{vmatrix} 5-2\lambda & -3 \\ -3 & 3-4\lambda \end{vmatrix} = 0$$

行列式を展開すると，

$$(5-2\lambda)(3-4\lambda) - 9 = 0$$

$$8\lambda^2 - 26\lambda + 6 = 0$$

因数分解して整理すると，

$$(4\lambda - 1)(2\lambda - 6) = 0$$

$$\therefore \ \lambda = \frac{1}{4}, \ 3 \tag{12.40}$$

となる．したがって，固有円振動数は次式となる．

$$\omega_1 = \sqrt{\frac{1}{4}} = 0.5 \text{ rad/s}$$

$$\omega_2 = \sqrt{3} = 1.732 \text{ rad/s}$$

(2) 逐次積分法

2次の固有振動数より，Δt は

固有周期　　$T_{\min} = \dfrac{2\pi}{\omega_2} = \dfrac{2\pi}{\sqrt{3}} = \dfrac{2\sqrt{3}\pi}{3}$ [s]

右上: 12.5　振動応答を計算してみよう　**133**

$T_{\min}/5$ を Δt とすると，

$$\Delta t = \frac{2\sqrt{3}\pi}{15} = 0.7255 \text{ s}$$

となる．初期条件 $t=0$ のとき，$\boldsymbol{y}_0 = \boldsymbol{0}$，$\dot{\boldsymbol{y}}_0 = \boldsymbol{0}$ を式(12.26)に代入して，

$$\boldsymbol{M}\ddot{\boldsymbol{y}}_0 + \boldsymbol{K}\boldsymbol{y}_0 = \boldsymbol{P}_0$$

$$\therefore \quad \ddot{\boldsymbol{y}}_0 = \boldsymbol{M}^{-1}\boldsymbol{P}_0$$

$$= \begin{bmatrix} \dfrac{1}{2} & 0 \\ 0 & \dfrac{1}{4} \end{bmatrix} \begin{Bmatrix} 0 \\ 0.1 \end{Bmatrix} = \begin{Bmatrix} 0 \\ 0.025 \end{Bmatrix}$$

となる．これより，次の初期条件が得られる．

$$\boldsymbol{y}_0 = \begin{Bmatrix} 0 \\ 0 \end{Bmatrix}, \qquad \dot{\boldsymbol{y}}_0 = \begin{Bmatrix} 0 \\ 0 \end{Bmatrix}, \qquad \ddot{\boldsymbol{y}}_0 = \begin{Bmatrix} 0 \\ 0.025 \end{Bmatrix} \tag{12.41}$$

式(12.25)で，$\boldsymbol{C} = \boldsymbol{0}$，$\beta = 1/4$ とおくと，

$$\ddot{\boldsymbol{y}}_{i+1} = \left\{ \begin{bmatrix} 2 & 0 \\ 0 & 4 \end{bmatrix} + \frac{0.7255^2}{4} \begin{bmatrix} 5 & -3 \\ -3 & 3 \end{bmatrix} \right\}^{-1} \times \left[\begin{Bmatrix} 0 \\ 0.1 \times \cos\left(\pi \times 0.7255 \times \dfrac{i+1}{3}\right) \end{Bmatrix} \right.$$

$$\left. - \begin{bmatrix} 5 & -3 \\ -3 & 3 \end{bmatrix} \times \left(\begin{Bmatrix} y_{1i} \\ y_{2i} \end{Bmatrix} + 0.7255 \begin{Bmatrix} \dot{y}_{1i} \\ \dot{y}_{2i} \end{Bmatrix} + \frac{0.7255^2}{4} \begin{Bmatrix} \ddot{y}_{1i} \\ \ddot{y}_{2i} \end{Bmatrix} \right) \right]$$

$$= \begin{bmatrix} 2.6579 & -0.3948 \\ -0.3948 & 4.3948 \end{bmatrix}^{-1} \times \left[\begin{Bmatrix} 0 \\ 0.1 \times \cos(0.7597 \times (i+1)) \end{Bmatrix} \right.$$

$$\left. - \begin{bmatrix} 5 & -3 \\ -3 & 3 \end{bmatrix} \left(\begin{Bmatrix} y_{1i} \\ y_{2i} \end{Bmatrix} + 0.7255 \begin{Bmatrix} \dot{y}_{1i} \\ \dot{y}_{2i} \end{Bmatrix} + 0.1316 \begin{Bmatrix} \ddot{y}_{1i} \\ \ddot{y}_{2i} \end{Bmatrix} \right) \right] \tag{12.42}$$

速度，変位は式(12.23)，(12.24)より，

$$\dot{\boldsymbol{y}}_{i+1} = \begin{Bmatrix} \dot{y}_{1i} \\ \dot{y}_{2i} \end{Bmatrix} + \frac{0.7255}{2} \left(\begin{Bmatrix} \ddot{y}_{1i} \\ \ddot{y}_{2i} \end{Bmatrix} + \begin{Bmatrix} \ddot{y}_{1i+1} \\ \ddot{y}_{2i+1} \end{Bmatrix} \right) \tag{12.43}$$

$$\boldsymbol{y}_{i+1} = \begin{Bmatrix} y_{1i} \\ y_{2i} \end{Bmatrix} + 0.7255 \begin{Bmatrix} \dot{y}_{1i} \\ \dot{y}_{2i} \end{Bmatrix} + 0.1316 \left(\begin{Bmatrix} \ddot{y}_{1i} \\ \ddot{y}_{2i} \end{Bmatrix} + \begin{Bmatrix} \ddot{y}_{1i+1} \\ \ddot{y}_{2i+1} \end{Bmatrix} \right) \tag{12.44}$$

となる．したがって，式(12.41)を初期条件として，式(12.42)～(12.44)を用いて，ステップ$(i+1)$の加速度，速度，変位を計算する．図12.11に，Δt を変化させたときの変位応答を図示している．ここでは第11章演習問題の問2によって得られた値も示している．図(a)，(b)では，モーダルアナリシスによる応答と Newmark β 法($\beta = 1/4$)による応答は一致するため，モーダルアナリシスによる応答だけを図示している．

134 第12章 逐次積分法による構造物の振動応答

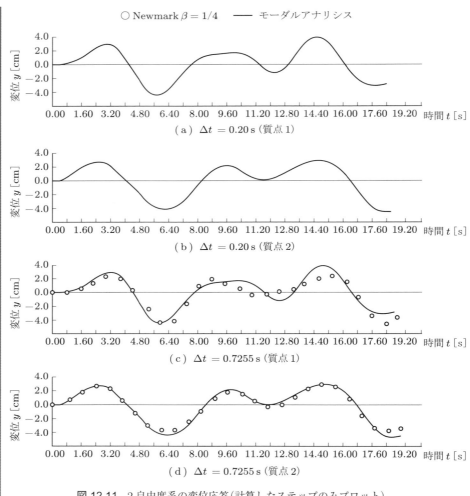

図 12.11 2自由度系の変位応答(計算したステップのみプロット)

演習問題

1. 図 12.12 (a) の 1 自由度減衰系に図 (b) の外力が作用するときの応答を，Newmark の β 法 ($\beta=1/4$) を用いて求めよ．ただし，初期条件は $t=0$ で $y=0$ m，$\dot{y}=0$ m/s，時間間隔は，非減衰系と考えたときの固有周期の $1/10$ とし，18 秒まで計算して結果を図示せよ（ヒント：$\omega_\mathrm{n}=2$ rad/s，$T=2\pi/2=\pi$ [s]，$\Delta t=\pi/10$ [s]）．

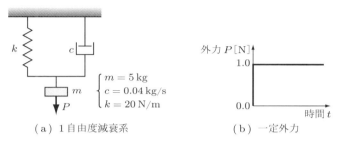

(a) 1 自由度減衰系 　　(b) 一定外力

図 12.12

2. 図 12.13 (a) の 2 層ラーメンに図 (b) の外力が作用するときの質点 m_1，m_2 の変位応答を，Newmark の β 法 ($\beta=1/4$) を用いて求めよ．ただし，初期条件は $t=0$ のとき，$y_1=0$ m，$y_2=0$ m，$\dot{y}_1=0$ m/s，$\dot{y}_2=0$ m/s とする．また，時間間隔は系の最小固有周期の約 $1/5$ とし，20 秒まで計算し，結果を図示せよ（ヒント：例題 11.2 より，$T=2\pi/2.449 \fallingdotseq 2.56$ 秒，$\Delta t=2.56/5 \fallingdotseq 0.5$ 秒，ただし，コンピュータにプログラムを組んで計算したほうがよい）．

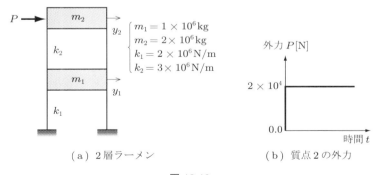

(a) 2 層ラーメン 　　(b) 質点 2 の外力

図 12.13

第Ⅲ編　耐震設計

　これまで，構造物が振動する一因である地震の実体と構造物の振動について述べてきた．ここでは，構造物の振動に対して安全であるように設計するためには，どうすればよいかについて学ぶ．すなわち，地震動を考慮した構造物の耐震設計について概説する．

第13章
耐震設計の基礎

人と社会を守る

　日本の太平洋岸近傍では，太平洋プレート，フィリピン海プレートが日本列島を乗せている大陸プレートの下に潜り込むために，地震が多発する（1.4節参照）．当然のことながら，日本は地震常襲の危険にさらされることになる．地震が発生すると地盤が揺れ，地盤上に建設されている建物，橋，道路，港湾施設などの構造物も揺れる（図13.1参照）．このとき，これらの構造物は静的に力を受ける場合と異なる力を受け，異なる挙動を示すことについては，第Ⅱ編（振動）で述べたとおりである．

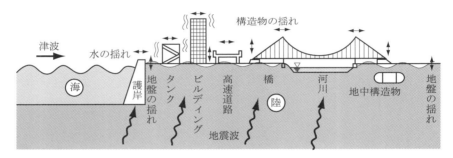

図 13.1　地震を受ける土木建築構造物

　この動的応答を振動解析で明らかにできると，地震に対して安全な構造物の設計が可能となる．安全という最終目的は大切であるけれども，経済性の面より安全性の確保にはおのずと限度がある．したがって，構造物が耐震性をもつように構造形式や材料の選定を行う**耐震設計**（seismic design）では，比較的短期間に生じる可能性の高い中規模程度の地震に対しては構造物の安全性が損なわれないこと，また，まれに起こる大きな地震に対しては少々破壊しても人命が損なわれないことを，設計目標としている．そのとき，地形，地質，地盤などの条件，構造物の種類，その重要度などが考慮されることになる．

13.1　耐震設計法の種類と選択

　耐震設計を行うには，地震による構造物の応答を求める必要がある．構造物の応答を求める方法には，二つの方法がある．一つは，これまでに地震に対して蓄積された

ノウハウをもとにして，できるだけ簡便に耐震設計が行えるように考慮された静的解析（詳細は 13.3 節）である．静的解析では，地震力を静的な力に置き換えて計算する．もう一つは，地震時の挙動が複雑な構造物や，新しい構造で従来の震災経験の適用が困難な構造物あるいは基礎が軟弱な構造物の場合に適用される動的解析（詳細は 13.6 節）である．動的解析では，若干高度な解析と計算を必要とする．動的解析の計算方法には，応答スペクトル法（13.6 節）と時刻歴応答解析法（第 12 章で述べた逐次積分法を用いて，時々刻々の応答を求める方法）がある．

1995 年 1 月 17 日の兵庫県南部地震（阪神大震災）以降，土木学会は**性能照査型設計法**の導入や**レベル 1 地震動・レベル 2 地震動**の 2 段階の地震動を考慮して設計を行う**2 段階設計法**の導入を提案し，土木構造物設計基準の大改定を推進してきた．そこでは，構造物の供用期間中に発生する確率が比較的高い中程度の強度の地震動（レベル 1 地震動）に対しては，構造物に損傷が生じないことを原則とし，耐震性能は震度法により得られた応答を許容応力度法に基づいて確認する．また，発生する確率は低いが，大きな強度をもつプレート境界型（レベル 2 地震動，タイプ I）や兵庫県南部地震のような内陸直下型の地震動（レベル 2 地震動，タイプ II）に対しては，構造物が崩壊せず，損傷が致命的とならないことを原則とし，耐力や変形性能は構造物の非線形域での挙動を静的に考慮できる地震時保有水平耐力法により確認する方法が示された．その後，2011 年 3 月 11 日の**東北地方太平洋沖地震**では，地震後に発生したきわめて大きな**津波**により，防波堤・護岸の崩壊や橋桁が流出するなどの被害が土木構造物に多数生じた．また，2016 年 4 月 14・16 日の熊本地震では，マグニチュード 7 クラスの地震が前震・本震と続けて発生し，山間部の斜面崩壊や多くの構造物破損の被害が生じた．土木学会において，これらの事象を具体的に土木構造物の耐震設計に反映する検討がなされ，それを受けて道路橋示方書（日本道路協会）が 2012 年 3 月と 2017 年 11 月に以下のように改訂された．

東北地方太平洋沖地震後の 2012 年 3 月に改訂された道路橋示方書[24] は，耐震設計について次のように規定している．通常は，静的耐震設計法の震度法および地震時保有水平耐力法を用いて地震時の計算をする．橋の供用期間中に発生する確率が高い地震に対しては，震度法を用いて，地震時の許容応力度，許容支持力，許容変位，安全率などの各項目を検討する．一方，橋の供用期間中に発生する確率は低いものの大きな強度をもつ地震動に対しては，地震時保有水平耐力法により，地震時の保有水平耐力，許容塑性率，残留変位などの各項目を検討する．また，地震時の挙動が複雑な構造物では，震度法による静的耐震計算だけでは安全性を十分な精度で評価できない可能性があるため，適切な動力学系に置換してその地震応答特性を計算し，安全性を照査するのがよいとしている．

140 第 13 章 耐震設計の基礎

熊本地震後の 2017 年 11 月に改訂された道路橋示方書[28] は，限界状態設計法と部分係数を採用しており，橋の耐震設計について次のように規定している．橋の耐震設計にあたっては慣性力による断面力，応力，変位などの応答値を算出する際には，動的解析を用いることを標準とする．ただし，以下の①～③の場合は静的解析を用いてもよい．

   ① 1 次の固有振動モードが卓越している．

   ② 塑性化の生じる部材および部位が明確である．

   ③ エネルギー一定則の適用が検証されている．

改訂された道路橋示方書[28] では，「地震時保有水平耐力法」の代わりに「荷重漸増載荷解析及びエネルギー一定則」が用いられている．

13.2 震度法は耐震設計の基礎

構造物が地震を受けると，地盤の振動に伴って構造物も振動する．構造物が地盤と一体となって振動する場合，構造物に作用する慣性力はニュートンの第 2 法則により次式で表される（式(6.1)参照）．

$$F = m\alpha = \frac{\alpha}{g}W \tag{13.1}$$

ここに，m は構造物の質量，α は地盤の地震加速度，g は重力加速度，W は等価重量である．

式(13.1)で表される慣性力が構造物の各部に作用することになるが，これは以下に述べる条件のもとでは，地面を固定して構造物の各部に $m\alpha$ なる慣性力が静的に作用することと等価である．震度法は，構造物に式(13.1)で表される慣性力が静的に作用すると考えて構造物の変位や応力を計算する方法であり，構造物は重力 mg と地震力 $m\alpha$ を同時に静的に受けるとして設計計算を実施する．

図 13.2 に示す質量 m の 1 質点バネ系に，水平方向の（地震による）慣性力 $m\alpha$ が作用する場合の合力は，

$$\mathrm{R} = \sqrt{(m\alpha)^2 + (mg)^2} = mg\sqrt{1 + \left(\frac{\alpha}{g}\right)^2} \tag{13.2}$$

となる．地震加速度は重力加速度に比較して，$(\alpha/g)^2 \ll 1$（図 12.7 のエルセントロ地震では $\alpha = 0.3 \sim 0.4\,g$ 程度）のときには次のように近似できる．

$$\mathrm{R} \fallingdotseq mg\left\{1 + \frac{1}{2}\left(\frac{\alpha}{g}\right)^2\right\} \tag{13.3}$$

また，傾き θ は

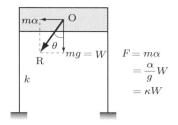

図 13.2 地震時の合力

$$\tan\theta = \frac{m\alpha}{mg} \quad \therefore \quad \theta = \tan^{-1}\left(\frac{\alpha}{g}\right) \tag{13.4}$$

と表される．すなわち，構造物には大きさ R（式(13.3)），重力の方向と θ（式(13.4)）の傾きをもつ力がはたらき，この状態で構造物の地震時安定性，地震時応力を検討する必要がある．

震度法では動的な効果を静的な慣性力に置換して設計するため，その適用は動的変位 y_0 と静的変位 y_{st} が近似的に等しい場合（図 8.2 参照）に可能となる．したがって，その範囲は図 8.2 より $y_0/y_{st} \fallingdotseq 1$，または，$(\omega/\omega_n)^2 \ll 1$ を満足する必要がある．ω は地震波に含まれるもので人為的に変更できないから，$(\omega/\omega_n)^2 \ll 1$ にするためには，ω_n を大にする必要がある．$\omega_n{}^2 = k/m$ であるから，これはバネ剛性を大にすることに等しい．つまり，震度法は剛な構造物に対して適用される方法で，感覚的には変形が無視できるほど剛で地盤と同じ動きをする構造物が震度法の対象になると考えてよい．

震度法では α/g を震度 κ といい，地震力の方向によって水平震度 κ_h，鉛直震度 κ_v と表す．α_h を水平方向加速度，α_v を鉛直方向加速度とすると，

$$\kappa_h = \frac{\alpha_h}{g} \ : \ 水平震度 \tag{13.5a}$$

$$\kappa_v = \frac{\alpha_v}{g} \ : \ 鉛直震度 \tag{13.5b}$$

となる．震度 κ_h，κ_v を用いれば，重量 W の構造物の受ける水平および鉛直方向の地震力は，$\kappa_h W$，$\kappa_v W$ と表すことができる．また，すべり出し，支持力などの安全性の検討の場合には，危険な状態になるように地震力を作用させればよい．

13.3 静的解析に用いる慣性力

静的解析に用いる慣性力の大きさは，設計振動単位の固有振動を算出して設計震度を求め，その値を構造物の重量に乗じて算出する．設計水平震度は水平 1 次の固有振

動モードを考慮した水平方向への作用として与えられている．以下に，設計振動単位と固有周期，設計水平震度について述べる．

(1) 設計振動単位と固有周期

設計振動単位は，橋脚および橋台の剛性および高さ，基礎とその周辺地盤の特性，上部構造の特性および支持条件が橋の振動特性に及ぼす影響を考慮して，地震時に同一の振動をするとみなして慣性力の算出が行える構造系ごとに橋を分割したものである．図 13.3 のラーメン橋では，破線で囲んだ部分が一つの設計振動単位となる．

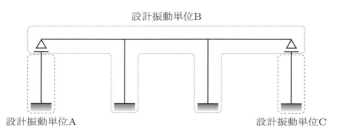

図 13.3　設計振動単位

設計振動単位の固有周期 T は，設計振動単位を 1 自由度系で表したときに静的変位 δ と固有周期の関係から導かれ，次式(付録 A.6 参照)で与えられている．

$$T = 2.01\sqrt{\delta} \tag{13.6}$$

ここに，T の単位は秒，δ の単位は m である．図 13.3 のように，設計振動単位が複数の下部構造とそれを支持している上部構造で構成されている場合の変位 δ は，最大運動エネルギー＝最大ひずみ(位置)エネルギー，の関係から導かれ，次式(付録 A.7 参照)で求められる．

$$\delta = \frac{\int w(x)u(x)^2 \, \mathrm{d}x}{\int w(x)u(x) \, \mathrm{d}x} \tag{13.7}$$

ここに，$w(x)$ は位置 x における重量 [kN/m]，$u(x)$ は位置 x における変位 [m]，$\int$ は設計振動単位全体に関する積分を表す．

(2) 設計水平震度

道路橋示方書によれば，レベル 1 地震動の設計水平震度 κ_h (小数点以下 2 桁に丸める)は次式で規定されている．

$$\kappa_\mathrm{h} = C_\mathrm{Z} \kappa_\mathrm{h0} \tag{13.8}$$

ここに，

C_Z : 図 13.5 に規定する地域別補正係数

κ_h0 : レベル 1 地震動の設計水平震度の標準値(図 13.4, 表 13.1)

である．ただし，表 13.1 の地盤種別は，次式で算出される地盤の基本固有周期 T_G [s] をもとに表 13.2 により区別する．ただし，地表面が耐震設計上の基盤面と一致する場合はⅠ種地盤とする．また，固有周期 T は式(13.6)で求めた値である．

$$T_\mathrm{G} = 4\sum_{i=1}^{n}\frac{H_i}{V_{si}} \tag{13.9}$$

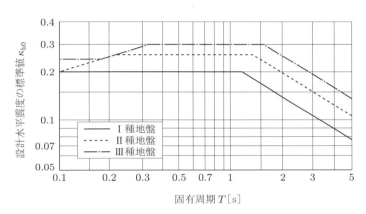

図 13.4 レベル 1 地震動の設計水平震度の標準値
(出典：日本道路協会，道路橋示方書・同解説，V. 耐震設計編，p.96[28])

表 13.1 レベル 1 地震動の設計水平震度の標準値 κ_h0

地盤種別	固有周期 T [s] に対する κ_h0 の値		
Ⅰ種	$T < 0.10$ $\kappa_\mathrm{h0} = 0.431 T^{1/3}$ ただし，$\kappa_\mathrm{h0} \geqq 0.16$	$0.10 \leqq T \leqq 1.10$ $\kappa_\mathrm{h0} = 0.20$	$1.10 < T$ $\kappa_\mathrm{h0} = 0.213 T^{-2/3}$
Ⅱ種	$T < 0.20$ $\kappa_\mathrm{h0} = 0.427 T^{1/3}$ ただし，$\kappa_\mathrm{h0} \geqq 0.20$	$0.20 \leqq T \leqq 1.30$ $\kappa_\mathrm{h0} = 0.25$	$1.30 < T$ $\kappa_\mathrm{h0} = 0.298 T^{-2/3}$
Ⅲ種	$T < 0.34$ $\kappa_\mathrm{h0} = 0.430 T^{1/3}$ ただし，$\kappa_\mathrm{h0} \geqq 0.24$	$0.34 \leqq T \leqq 1.50$ $\kappa_\mathrm{h0} = 0.30$	$1.50 < T$ $\kappa_\mathrm{h0} = 0.393 T^{-2/3}$

(出典：日本道路協会，道路橋示方書・同解説，V. 耐震設計編，p.93[28])

144 第13章 耐震設計の基礎

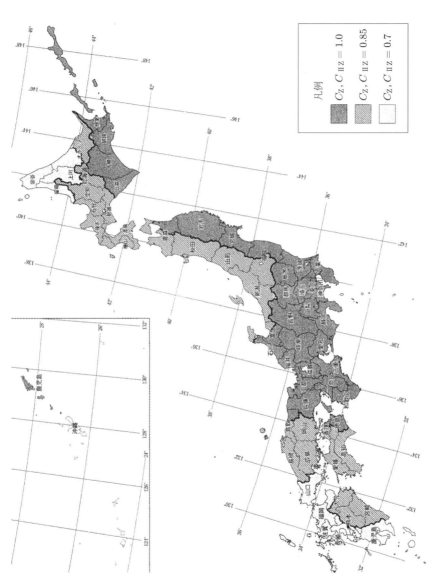

図13.5 レベル1地震動及びレベル2地震動(タイプⅡ)の地域別補正係数の地域区分
(出典：日本道路協会，道路橋示方書・同解説，Ⅴ．耐震設計編，p.60, 61[28])

13.3 静的解析に用いる慣性力　**145**

表 13.2　耐震設計上の地盤種別

地盤種別	地盤の基本固有周期 T_G [s]
I 種	$T_G < 0.20$
II 種	$0.20 \leqq T_G < 0.60$
III 種	$0.60 \leqq T_G$

((出典：日本道路協会，道路橋示方書・同解説，V. 耐震設計編，p.68[28]))

ここに，

H_i : i 番目の地層の厚さ [m]

V_{si} : i 番目の地層の平均せん断弾性波速度 [m/s]

であり，V_{si} は条件によって次のような値となる．

粘性土層の場合　$V_{si} = 100N_i^{1/3}$　$(1 \leqq N_i \leqq 25)$ 　　　　(13.10a)

砂質土層の場合　$V_{si} = 80N_i^{1/3}$　$(1 \leqq N_i \leqq 50)$ 　　　　(13.10b)

N_i : 標準貫入試験による i 番目の地層の平均 N 値

i　: 当該地盤が地表面から耐震設計上の基盤面まで n 層に区分される
　　　場合の地表面から i 番目の地層の番号．基盤面は，粘土層の場合
　　　$N \geqq 25$，砂質土層の場合 $N \geqq 50$

　耐震設計上の基盤面は，平均せん断弾性波速度が 300 m/s 以上の地層の上面をいう．また，N 値が 0 の場合は $V_{si} = 50$ m/s とする．一般に，I 種地盤は岩盤，II 種地盤は洪積地盤および沖積地盤，III 種地盤は沖積地盤のうち軟弱地盤に相当する．

　式 (13.8) による値が 0.1 を下回る場合には，$\kappa_h = 0.1$ とする．これは，実効的に橋の地震被害を防止できない場合が生じるためである．また，設計鉛直震度は原則として考慮しないが，支承部（支承，アンカーボルトおよび，その周辺の上下部構造）の設計においては設計水平震度に 0.5 を乗じた値と規定している．

　レベル 2 地震動に対しても，同様の考え方で式が定められており，巻末の参考文献 [28] を参照されたい．

例題 13.1　福岡市を通過する高速道路に架設するトラス橋の設計水平震度を求めよ．ただし，トラス橋の固有周期は 0.75 秒，架設場所の地層は，図 13.6 のように，20 m の粘土層（$N = 5$），30 m のシルト質粘土層（$N = 10$），20 m の砂質土層（$N = 40$）となっている．

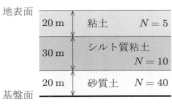

図 13.6 架設地点の地層

解 式(13.8)より，設計水平震度は

$$\kappa_h = C_Z \kappa_{h0}$$

で計算されるから，係数 C_Z と κ_{h0} を定めればよい．

図 13.5 より，福岡市の地域別補正係数は，$C_Z = 0.7$ である．κ_{h0} は図 13.4，表 13.1 より決定されるが，まず地盤種別を決める必要がある．式(13.9)より，

$$T_G = 4\left(\frac{20}{100 \times 5^{1/3}} + \frac{30}{100 \times 10^{1/3}} + \frac{20}{80 \times 40^{1/3}}\right) = 1.32 \,[\text{s}]$$

となるから，表 13.2 よりⅢ種地盤である．よって，図 13.4，表 13.1 より，$\kappa_{h0} = 0.30$ となり，κ_h は次のように求められる．

$$\kappa_h = 0.7 \times 0.30 = 0.21$$

13.4 応答変位法は変位を考える

地中構造物には，埋設管，沈埋トンネル，シールドトンネルおよび山岳トンネルなどの水平方向に埋設された線状構造物と，井戸，立坑などの鉛直方向に埋設された構造物，および地下タンクなどがある．これらの地中構造物の地震時の変形とひずみに影響するのは，地震による慣性力ではなく，構造物周辺地盤の相対変位(地盤のひずみ)であることが，観測によって明らかにされている．また，解析によっても地震観測で得られた結果と同様な結果が得られている．このような地中構造物の耐震設計には，構造物と地盤の相対変位を考慮する設計法が用いられており，これを**応答変位法**という．

地中構造物の耐震設計のための基準指針には，次のようなものがある．
① 水道施設耐震工法指針・解説(日本水道協会)
② 中低圧ガス導管耐震設計指針(日本ガス協会)
③ 地下貯油施設技術指針(案)(土木学会)
④ 沈埋トンネル耐震設計指針(案)(土木学会)
⑤ 共同溝設計指針(日本道路協会)

13.5 地震時保有水平耐力法と荷重漸増載荷解析の関係

　構造物が強固になるように震度法で設計しても，耐えうる地震の大きさには限界がある．1995 年の兵庫県南部地震における土木構造物の被害状況から，構造物の靱性確保の重要性が認識され，構造部材が弾性域 → 塑性域と履歴することによる吸収エネルギーを利用して構造物が靱性をもつように設計する**地震時保有水平耐力法**が参考文献 [24] で耐震設計法として規定されている．地震時保有水平耐力法は，構造物が以下の①〜③の項目を満足するような静的耐震設計法である．

① 構造部材が非線形域に入っても適切な粘りをもたせる．
② エネルギー吸収性能を高めて構造部材に生じる損傷を許容範囲にとどめる．
③ 構造系全体としての崩壊を防止する．

この意味から，道路橋示方書では，橋脚・基礎・支承部などの地震の影響が支配的な構造部材に対しては，地震時保有水平耐力法を適用するように規定している．この耐震設計法により，大地震時にも急激に破壊することなく，粘り強く抵抗する耐震性の高い構造物の設計が可能になった．

　道路橋示方書[28] で耐震設計上の静的解析として規定されている荷重漸増載荷解析及びエネルギー一定則を用いる解析は，地盤や構造物の非線形性を考慮したモデルに対して，設計水平震度を超える大きさの荷重を静的に漸増載荷して荷重－変位関係を求め，橋の弾性挙動および非線形挙動を推定する．つまり，荷重－変位関係を用いることで，エネルギー一定則により非線形応答を算出する際に用いる弾性限界点を求めることができる．この考え方は，前述の地震時保有水平耐力法と同じである．

　エネルギー一定則とは，完全弾塑性型の復元力特性をもつ 1 自由度系の応答では，完全弾塑性応答と弾性応答の両者の入力エネルギーがほぼ同じになる，という考え方である．この考え方によれば，図 13.7（a）の 1 自由度系が塑性域に入った場合には，図（b）の △OAB と台形 OCDE の面積が等しくなるように，弾塑性応答が生じる．

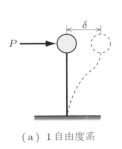
（a）1 自由度系

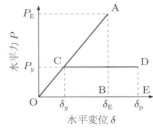
（b）エネルギー一定則

P_E：弾性応答水平力
P_y：降伏水平耐力
δ_p：弾塑性応答水平変位
δ_E：弾性応答水平変位
δ_y：降伏水平変位

図 13.7　1 自由度系とエネルギー一定則

13.6 動的解析法とは何か

静的解析法は，構造物を1自由度系とみなしてその変位，応力の照査を行う方法であり，地震時の挙動が1個の固有振動数では規定できないような構造物（通常の構造物は多くの固有振動数をもっている．10.7節参照），すなわち，挙動が複雑な構造物では適用することができない．このような構造物では動的解析が必要である．動的解析により，構造物の変位，応力を照査し，耐震設計を行う方法を動的解析法という．動的解析法には**応答スペクトル法**と**時刻歴応答解析法**の二つの方法がある．応答スペクトル法の内容はかなり複雑であるので，式の展開を必要としない場合には解析過程の概略を理解するだけでよい．

（1） 応答スペクトル法は1自由度系の重ね合わせ

地震波は不規則な振動をしているので，その中には種々の周波数成分のものが分布している．振動系の応答は，その固有振動数と外力の振動数によって大きく変化することをすでに学んだ（8.3節参照）．当然，系の応答は地震波中の周波数成分の分布に左右される．これから述べる応答スペクトル法は，ある地震波に対して構造物の最大応答を求め，それに対する対策を考えようとするものである．

応答スペクトルの概念を図示すると図13.8のようになる．振動台（図(b)）の上に減衰が同じで固有周期の異なる振子①〜④を置き，振動台を特定の地震波（図(a)）で揺らす．これは，固有周期 T_1，T_2，T_3，T_4 をもつ構造物に地震波が作用するモデルである．このとき，①〜④の振り子は図(c)のような加速度応答波形で揺れる．このときの加速度最大値と各振り子の固有周期との関係を図示すると，図(d)に示すような加速度応答スペクトル曲線が得られる．これを**加速度応答スペクトル S_a** という．振子の数をもっと増やして固有周期の間隔をもっと密にとれば，より正確な加速度応答スペクトルが得られる．

このように，加速度応答スペクトルは特定の地震動に対して任意の固有周期および減衰定数をもつ1自由度系の最大応答から計算できる．上記の加速度応答スペクトルと同じ解析過程をたどれば，**速度応答スペクトル S_v**，**変位応答スペクトル S_d** を求められることが理解できるだろう．ただし，この3個のスペクトルは以下に述べる関係式で結ばれているので，それらのうちのいずれか一つが定まれば，変位，速度，加速度の最大応答が求められ，最大変位，許容応力などの計算も可能となる．任意時間 τ での地震波による地盤加速度を $\ddot{z}(\tau)$，減衰定数を h，固有円振動数を ω_n としたときの各応答スペクトルの関係を式(13.11)〜(13.13)に記す．途中の誘導は付録A.4に示している．

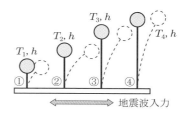

(a) 地震波 (b) 振動台上の固有周期の異なる振子

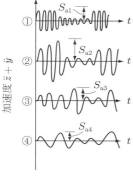
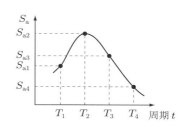

(c) 加速度応答波形 (d) 加速度応答スペクトル S_a

図 13.8　地震応答スペクトル

$$S_\mathrm{v} = \left| \int_0^t \ddot{z}(\tau) e^{-h\omega_\mathrm{n}(t-\tau)} \cos\omega_\mathrm{n}(t-\tau) d\tau \right|_{\max} \tag{13.11}$$

$$S_\mathrm{d} = \frac{S_\mathrm{v}}{\omega_\mathrm{n}} \left(= \frac{T}{2\pi} S_\mathrm{v} \right) \tag{13.12}$$

$$S_\mathrm{a} = \omega_\mathrm{n} S_\mathrm{v} \left(= \frac{2\pi}{T} S_\mathrm{v} \right) \tag{13.13}$$

また，S_a を基準として表せば，

$$S_\mathrm{a} = \omega_\mathrm{n} \left| \int_0^t \ddot{z}(\tau) e^{-h\omega_\mathrm{n}(t-\tau)} \sin\omega_\mathrm{n}(t-\tau) d\tau \right|_{\max} \tag{13.14}$$

$$S_\mathrm{v} = \frac{S_\mathrm{a}}{\omega_\mathrm{n}} \tag{13.15}$$

$$S_\mathrm{d} = \frac{S_\mathrm{a}}{\omega_\mathrm{n}^2} \tag{13.16}$$

と表現できる．したがって，式(13.14)〜(13.16)より，加速度応答スペクトル S_a がわかれば速度応答スペクトル，変位応答スペクトルも計算できることになる．特定の地

震波に対する加速度応答スペクトルを式(13.14)で計算し，それを図表化しておけば，いろいろな周期をもつ構造物の最大応答を知るのに利用することができる．また，速度，変位の各応答スペクトルは，式(13.15)，(13.16)から加速度応答スペクトルを利用して求めることができる．

■**多自由度系に対して**　以上に述べた応答スペクトルは，次式で表される1自由度系についてのものである（式(8.14)参照）．

$$\ddot{y} + 2h\omega_n \dot{y} + \omega_n^2 y = -\ddot{z}(t) \tag{13.17}$$

多自由度系にこの考え方を適用する場合には，11.6節で述べたモーダルアナリシスを用いればよい．ここの解析はかなり高度なものであるので，一般には大体の概念を理解するだけでよい．運動方程式は次式となる．

$$\boldsymbol{M}\ddot{\boldsymbol{y}} + \boldsymbol{C}\dot{\boldsymbol{y}} + \boldsymbol{K}\boldsymbol{y} = -\boldsymbol{M}\boldsymbol{Y}_{si}\ddot{z}(t) \tag{13.18a}$$

ここに，$\boldsymbol{Y}_{si}$ は地震波入力点が単位量変位したときの他の点の変位を表すベクトルで，図13.9(b)で示すと中間支点が地震波入力を受けるとき，図中の Y_{si} がベクトル成分となる．

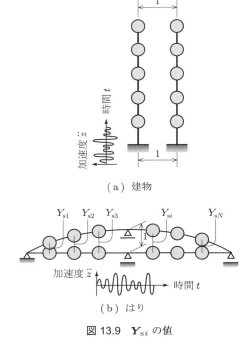

図 13.9　$\boldsymbol{Y}_{si}$ の値

$$\boldsymbol{Y}_{si} = \begin{Bmatrix} Y_{s1} \\ Y_{s2} \\ \vdots \\ Y_{si} \\ \vdots \\ Y_{sN} \end{Bmatrix} \tag{13.18b}$$

この運動方程式をモーダルアナリシスで解くと，次式のように変換される.

$$\ddot{\boldsymbol{q}} + 2\,\boldsymbol{h}\boldsymbol{\omega}\dot{\boldsymbol{q}} + \boldsymbol{\omega}^2\boldsymbol{q} = -\boldsymbol{\Phi}^T\boldsymbol{M}\boldsymbol{Y}_{si}\ddot{z}(t)$$
$$= -\boldsymbol{\beta}\ddot{z}(t) \tag{13.19a}$$

ここに，

$\boldsymbol{\Phi}$: 式(11.38a)で表されるモードマトリックス

$\boldsymbol{q}$: 式(11.38b)で表される時間関数ベクトル

$\dot{\boldsymbol{q}}$: $\boldsymbol{q}$ の時間に関する 1 階微分

$\ddot{\boldsymbol{q}}$: $\boldsymbol{q}$ の時間に関する 2 階微分

$$\boldsymbol{\omega} = \begin{bmatrix} \omega_1 & & & \\ & \omega_2 & & \boldsymbol{0} \\ & & \ddots & \\ \boldsymbol{0} & & & \omega_N \end{bmatrix} \tag{13.19b}$$

$$\boldsymbol{h} = \begin{bmatrix} h_1 & & & \\ & h_2 & & \boldsymbol{0} \\ & & \ddots & \\ \boldsymbol{0} & & & h_N \end{bmatrix} \quad (式(11.45)参照) \tag{13.19c}$$

$$\boldsymbol{\Phi}^T\boldsymbol{M}\boldsymbol{\Phi} = \boldsymbol{I} \quad : 単位マトリックス \tag{13.19d}$$

$$\boldsymbol{\beta} = \boldsymbol{\Phi}^T\boldsymbol{M}\boldsymbol{Y}_{si} \tag{13.19e}$$

である. 式(13.19e)の $\boldsymbol{\beta}$ は，各モードに対する時間関数の大きさを規定する外力項となり，**刺激係数**(participation factor)とよばれる(付録 A.8 参照). 第 11 章では減衰を含んだモーダルアナリシスを取り扱っていないが，ここでは式(13.19a)で表されることだけを知っていればよい.

n 次モードの運動方程式を書くと，次のようになる.

$$\ddot{q}_n + 2h_n\omega_n\dot{q}_n + \omega_n{}^2q_n = -\beta_n\ddot{z}(t) \tag{13.20}$$

152 第 13 章　耐震設計の基礎

$$\boldsymbol{\Phi}_n{}^T \boldsymbol{M} \boldsymbol{\Phi}_n = 1 \quad (式(10.47)参照) \tag{13.21a}$$

$$\beta_n = \boldsymbol{\Phi}_n{}^T \boldsymbol{M} \boldsymbol{Y}_{si} \tag{13.21b}$$

ここに，q_n は n 次の時間関数，h_n は n 次の減衰定数，β_n は n 次の刺激係数，$\boldsymbol{\Phi}_n$ は n 次の正規化モードである．

また，n 次の時間関数を用いると，変位，速度，加速度は（11.6 節参照），

$$\boldsymbol{y}(t) = \sum_{n=1}^{N} \boldsymbol{\Phi}_n q_n \tag{13.22}$$

$$\dot{\boldsymbol{y}}(t) = \sum_{n=1}^{N} \boldsymbol{\Phi}_n \dot{q}_n \tag{13.23}$$

$$\ddot{\boldsymbol{y}}(t) = \sum_{n=1}^{N} \boldsymbol{\Phi}_n \ddot{q}_n \tag{13.24}$$

となる．

応答スペクトル法は時間関数 q_n，$\dot{q}_n$，$\ddot{q}_n$ の最大値を利用する方法であり，この値は加速度応答スペクトルを用いて次式で計算される．

$$|q_n|_{\max} = \beta_n S_{\mathrm{d}}(T_n, \ h_n) = \frac{\beta_n S_{\mathrm{a}}(T_n, \ h_n)}{\omega_n{}^2} \tag{13.25}$$

$$|\dot{q}_n|_{\max} = \beta_n S_{\mathrm{v}}(T_n, \ h_n) = \frac{\beta_n S_{\mathrm{a}}(T_n, h_n)}{\omega_n} \tag{13.26}$$

$$|\beta_n \ddot{z}(t) + \ddot{q}_n|_{\max} = \beta_n S_{\mathrm{a}}(T_n, \ h_n) \tag{13.27}$$

ここに，S_{d}，S_{v} は地震加速度波 $\ddot{z}(t)$ による変位と速度の応答スペクトル，T_n は n 次のモード固有周期，h_n は n 次のモードの減衰定数である．したがって，任意点 L の応答 y_{L} は式(13.22)，(13.25)より，

$$y_{\mathrm{L}} = \sum_{n=1}^{N} \frac{\Phi_{n\mathrm{L}} \beta_n S_{\mathrm{a}}(T_n, \ h_n)}{\omega_n{}^2} \tag{13.28}$$

となる．ここに，$\Phi_{n\mathrm{L}}$ は n 次モード $\boldsymbol{\Phi}_n$ の点 L の値である．このとき，各モードの時間関数 q_n が同時に最大となる保証はなく（負の値をもつものもある），上式は実際の変位より大きい値を与える．統計学の考え方によれば，各モードによる応答の自乗和の平方根（RMS 法）が最大の近似値を与える確率が高いとされている．これを用いると，最大変位は，

$$y_{\mathrm{L \ max}} = \sqrt{\sum_{n=1}^{N} \left\{ \frac{\Phi_{n\mathrm{L}} \beta_n S_{\mathrm{a}}(T_n, \ h_n)}{\omega_n{}^2} \right\}^2} \tag{13.29}$$

で計算できる．同様に，速度，絶対加速度は次式となる．

$$\dot{y}_{\text{L max}} = \sqrt{\sum_{n=1}^{N}\left\{\frac{\Phi_{nL}\beta_n S_a(T_n,\ h_n)}{\omega_n}\right\}^2} \quad (13.30)$$

$$(Y_{si}\ddot{z}(t)+\ddot{y})_{\text{L max}} = \sqrt{\sum_{n=1}^{N}\{\Phi_{nL}\beta_n S_a(T_n,\ h_n)\}^2} \quad (13.31)$$

上式中の ω_{nL}, Φ_{nL} は与えられた構造物の固有値解析で求められ，また，β_n も固有モード Φ_n から計算される．したがって，加速度応答スペクトル S_a さえ求められれば，式(13.29)～(13.31)は計算可能となる．

加速度応答スペクトル S_a は作用する外力によって異なるが，道路橋示方書では実用向きの簡便な次式で，静的解析法による耐震設計結果の照査に用いるレベル1地震動の加速度応答スペクトル S_a (cm/s^2．小数点以下2桁)を計算するように規定されている．

$$S_a = C_Z S_0 \quad (13.32)$$

ここに，

C_Z：レベル1地震動の地域別補正係数(図 13.5 参照)

S_0：図 13.10 に規定するレベル1地震動の標準加速度応答スペクトル [cm/s^2]

である．

橋の減衰定数が 0.05 と大きく異なる場合は，式(13.33)で算出する減衰定数別補正係数 C_D を乗じて求める式(13.34)の加速度応答スペクトル S_a を用いる．

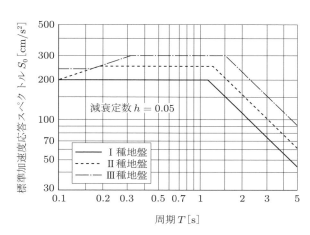

図 13.10　レベル1地震動の標準加速度応答スペクトル S_0
(出典：日本道路協会，道路橋示方書・同解説，V. 耐震設計編，p.49[28])

154 第13章 耐震設計の基礎

$$C_{\mathrm{D}} = \frac{1.5}{40h_n + 1} + 0.5 \tag{13.33}$$

h_n : モード減衰定数

$$S_{\mathrm{a}} = C_{\mathrm{D}} C_Z S_0 \tag{13.34}$$

レベル2地震動に対する耐震設計結果の照査には，式(13.34)中の C_Z, S_0 を地震動のタイプに応じて，$C_{\mathrm{I}Z}$, $S_{\mathrm{I}0}$（タイプ I の地震動 *），$C_{\mathrm{II}Z}$, $S_{\mathrm{II}0}$（タイプ II の地震動 **）に代えて求めた S_{a} を用いればよい．なお，標準加速度応答スペクトル $S_{\mathrm{I}0}$, $S_{\mathrm{II}0}$ については，前述の道路橋示方書 [28] を参照されたい．

例題 13.2 例題13.1のトラス橋の減衰定数が0.01のとき，レベル1地震動の加速度応答スペクトル，速度応答スペクトル，変位応答スペクトルを求めよ．

解 加速度応答スペクトルの計算式は式(13.34)より，

$$S_{\mathrm{a}} = C_{\mathrm{D}} C_Z S_0$$

であり，係数 C_{D}, C_Z, S_0 を与えられた条件より定めると，例題13.1より，

$$C_{\mathrm{D}} = 1.57 \ \cdots \ \text{式(13.33)より} \ \frac{1.5}{40 \times 0.01 + 1} + 0.5 = 1.57$$

$$C_Z = 0.7$$

$$S_0 = 300 \ \mathrm{cm/s^2} \ \cdots \ \text{図13.10において，III種地盤，} T = 0.75 \ \text{秒のときの値}$$

となる．よって，加速応答スペクトルは次のように求められる．

$$S_{\mathrm{a}} = 0.7 \times 1.57 \times 300 = 330 \ \mathrm{cm/s^2}$$

これより，速度応答スペクトル，変位応答スペクトルは，次のように求められる．

$$S_{\mathrm{v}} = \frac{S_{\mathrm{a}}}{\omega_{\mathrm{n}}} = \frac{330}{\dfrac{2\pi}{0.75}} = 39.4 \ \mathrm{cm/s}$$

$$S_{\mathrm{d}} = \frac{S_{\mathrm{a}}}{\omega_{\mathrm{n}}{}^2} = \frac{330}{\left(\dfrac{2\pi}{0.75}\right)^2} = 4.7 \ \mathrm{cm}$$

（2） 時刻歴応答解析法には逐次積分法を用いる

時刻歴応答とは，時々刻々の応答を計算したものであり，時間変化に伴う応答を求めたものである．したがって，変位および断面力も時々刻々求められるため，応答スペクトル法に比べて正確な値が計算される．しかし，長い計算時間を必要とする．時

---

* 発生頻度が低いプレート境界型の大規模な地震の地震動.

** 兵庫県南部地震のように発生頻度がきわめて低い内陸直下型地震による地震動.

刻歴応答解析には，第 12 章で述べた逐次積分法が用いられる．この方法を適用する場合，多自由度系に対してそのまま適用する方法（12.3 節，12.5 節，例題 12.2 参照）と，固有値解析を行い 1 自由度系に分解した後に適用する方法がある．両方法とも類似の応答を与えるが，どちらの方法を用いるかは計算手数，便利さの面から決定される．この場合，問題となるのはどのような地震波入力を用いて計算すればよいかということである．

道路橋示方書[28]では次のように規定している．時刻歴応答解析法に用いる入力地震波としては架橋地点で観測された強震記録を用いるのが最も望ましいが，そのような記録は非常に少ないので，地盤条件や橋の動的特性を考慮して，既往の強震記録の中から加速度応答スペクトル S_0（図 13.10），S_{I0}，S_{II0} に近い特性をもつ強震記録を選定する．レベル 2 地震動（タイプ II）の強震記録として，1995 年の兵庫県南部地震で得られた表 13.3 の地震波などがあげられている．

表 13.3　兵庫県南部地震（$M7.3$）の強震記録

地盤種別	記録場所
I 種	神戸海洋気象台
II 種	JR 西日本鷹取駅
III 種	東神戸大橋周辺地盤上

なお，動的解析に用いる加速度波形としては，1 波形だけでなく 3 波形程度を用い，3 波形程度の入力地震動に対する動的解析結果の平均値を用いて耐震性を照査するのがよいとしている．

演習問題

1. 耐震設計の種類をあげ，簡単に説明せよ．
2. 道路橋示方書に記されている設計震度を求める式（式 (13.8)）を利用して，次の構造物の設計震度 κ_h を求めよ．
   条件：宮崎市を通過する高速道路の橋で，橋の固有周期が 0.3 秒，橋の架設場所は図 13.11 のような地層からなっている．

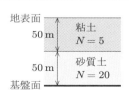

図 13.11　架設地点の地層

3. 応答スペクトルのうち加速度応答スペクトルの概念を図で示し，説明せよ．
4. 道路橋示方書に記されている標準加速度応答スペクトルを用いて，問 2 の問題における加速度応答スペクトルを求め，その速度応答スペクトル，変位応答スペクトルを求めよ．ただし，モード減衰定数は 0.02 とする．

付　録

A.1　自由度とは

　自由度は，振動系の運動を表すのに必要最小限の座標数と考えてよい．いくつかの質点(物体は大きさや形状をもっているが，その質量を中心部に集中させたもの)をもつ振動系では，各質点の座標の数の和がその振動系の自由度となる．たとえば，図 A.1 (a)，(b)の振動系では(水平方向に動かないと考える)，二つの座標 y_1 と y_2 とが与えられれば運動が確定できるので，この自由度は2である．図(c)の単振子では，この質点の運動を決めるには y_1 と y_2 の二つの座標を必要とするが，自由度2としてはいけない．これは，糸の長さ $l =$ 一定 の条件が与えられるので，

$$y_1{}^2 = l^2 - y_2{}^2$$

が成立し，y_2 が与えられると y_1 の値は決定される．したがって，この自由度は1である．また，極座標を用いると，角度 θ のみで運動が決定できる．このように，振動系の自由度は座標のとり方によって変化することはない．

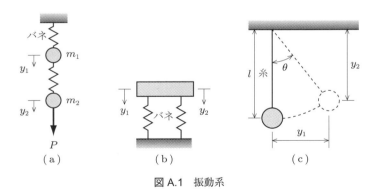

図 A.1　振動系

A.2　単振動の合成

　工学では，二つの単振動を合成することがよく行われる．以下の合成の解析過程は簡単であるので，慣れておくとよい．

$$y = A_1 \sin x + A_2 \cos x$$
$$= \sqrt{A_1{}^2 + A_2{}^2} \left\{ \frac{A_1}{\sqrt{A_1{}^2 + A_2{}^2}} \sin x + \frac{A_2}{\sqrt{A_1{}^2 + A_2{}^2}} \cos x \right\}$$

ここで，$A_1/\sqrt{A_1{}^2+A_2{}^2}=\cos\alpha$ とすると，$A_2/\sqrt{A_1{}^2+A_2{}^2}=\sin\alpha$ となる．

$$y = \sqrt{A_1{}^2+A_2{}^2}\{\sin x\cos\alpha + \cos x\sin\alpha\}$$
$$= \sqrt{A_1{}^2+A_2{}^2}\sin(x+\alpha)$$

ここに，

$$\tan\alpha = \frac{\sin\alpha}{\cos\alpha} = \frac{A_2}{A_1}$$

である(図 A.2)．

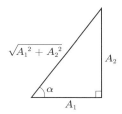

図 A.2　角度 α のとり方

A.3　$h=1$ の微分方程式の解

式(7.14)に $h=1$ を代入すると，$s_1 = s_2 = -\omega_\mathrm{n}$ となるが，微分方程式理論によると，もう一つの特解を求めなければならない．特解を求めるには(急ぐときには以下の過程は飛ばして直接，一般解が得られるとしてよい)，

$$y = f(t)e^{st}$$

とおいて，$f(t)$ を決めればよい．上式とこれの t に関する微分

$$\dot{y} = \dot{f}e^{st} + sfe^{st}$$
$$\ddot{y} = \ddot{f}e^{st} + 2s\dot{f}e^{st} + s^2 fe^{st}$$

を式(7.3)に代入すると，

$$\ddot{f}e^{st} + 2s\dot{f}e^{st} + s^2 fe^{st} + \frac{c}{m}\dot{f}e^{st} + \frac{c}{m}sfe^{st} + \omega_\mathrm{n}{}^2 fe^{st} = 0$$

となる．この式に，式(7.12)において $c_\mathrm{c} = c$ ($h=1$ であるから)とおいたものと，$s = -\omega_\mathrm{n}$ (これは式(7.14)において $h=1$ とおいて得られる)とを代入すると，

$$\ddot{f}(t) = 0$$

となる．上式を満足する解の中で，定数以外の最も簡単なものは

$$f(t) = t$$

であるので，

158   付 録

$$y = te^{st}$$

がもう一つの特解となる．これより，式(7.7)の一般解は

$$y = (A_1 + A_2 t)e^{-\omega_\mathrm{n} t} \tag{A.1}$$

となる．ここに，A_1，A_2 は積分定数で，初期条件より決定できる．

A.4　加速度・速度・変位の応答スペクトルの関係

加速度応答スペクトル，速度応答スペクトル，変位応答スペクトルの関係について考える．図 9.1 (a) に示す 1 自由度減衰系の単位インパルス応答は式(9.11)より，

$$g_1(t) = \frac{1}{m\omega_\mathrm{d}} e^{-h\omega_\mathrm{n} t} \sin \omega_\mathrm{d} t \tag{A.2}$$

ここに，

$$\omega_\mathrm{n} = \sqrt{\frac{k}{m}}$$

$$h = \frac{c}{2\omega_\mathrm{n} m} \ : \ 減衰定数$$

$$\omega_\mathrm{d} = \omega_\mathrm{n}\sqrt{1 - h^2} \ : \ 系の固有振動数$$

である．速度応答は，時間 t の微分より，

$$\dot{g}_1(t) = \frac{1}{m\omega_\mathrm{d}}\{(-h\omega_\mathrm{n})e^{-h\omega_\mathrm{n} t} \sin \omega_\mathrm{d} t + \omega_\mathrm{d} e^{-h\omega_\mathrm{n} t} \cos \omega_\mathrm{d} t\}$$

$$= \frac{1}{m} e^{-h\omega_\mathrm{n} t}\left\{\cos \omega_\mathrm{d} t - \frac{h}{\sqrt{1 - h^2}} \sin \omega_\mathrm{d} t\right\} \tag{A.3}$$

となる．また，地盤基礎が地震により上下振動するときの運動方程式は，地盤基礎の加速度を $\ddot{z}(t)$ とすると，式(8.14)より

$$m\ddot{y} + c\dot{y} + ky = -m\ddot{z}(t) \tag{A.4}$$

となる．この式の解は，式(A.2)を式(9.17)に代入して

$$y(t) = -\frac{m}{m\omega_\mathrm{d}} \int_0^t (\ddot{z}(\tau)e^{-h\omega_\mathrm{n}(t-\tau)} \sin \omega_\mathrm{d}(t - \tau)\}d\tau$$

$$= -\frac{1}{\omega_\mathrm{d}} \int_0^t \{\ddot{z}(\tau)e^{-h\omega_\mathrm{n}(t-\tau)} \sin \omega_\mathrm{d}(t - \tau)\}d\tau \tag{A.5}$$

となり，速度応答は

$$\dot{y}(t) = -\int_0^t \left[\ddot{z}(\tau)e^{-h\omega_\mathrm{n}(t-\tau)}\left\{\cos \omega_\mathrm{d}(t - \tau) - \frac{h}{\sqrt{1 - h^2}} \sin \omega_\mathrm{d}(t - \tau)\right\}\right]d\tau \tag{A.6}$$

となる．加速度応答は，式(A.5)，(A.6)を式(A.4)に代入して求めることができる．

$$\ddot{z}(t) + \ddot{y} = \frac{\omega_{\mathrm{n}}^2(1 - 2h^2)}{\omega_{\mathrm{d}}} \int_0^t \ddot{z}(\tau)e^{-h\omega_{\mathrm{n}}(t-\tau)} \sin \omega_{\mathrm{d}}(t - \tau)d\tau$$

$$+ 2h\omega_{\mathrm{n}} \int_0^t \ddot{z}(\tau)e^{-h\omega_{\mathrm{n}}(t-\tau)} \cos \omega_{\mathrm{d}}(t - \tau)d\tau \tag{A.7}$$

式(A.7)は絶対加速度応答である.

式(A.5)〜(A.7)を計算すれば,時刻 t の応答が計算できる(加速度は図 13.8(c)のようになる).これらのうち,絶対値最大のものを最大相対変位 S_{d},最大相対速度 S_{v},最大絶対加速度 S_{a} とすれば,

$$S_{\mathrm{d}} = \frac{1}{\omega_{\mathrm{d}}} \left| \int_0^t \ddot{z}(\tau)e^{-h\omega_{\mathrm{n}}(t-\tau)} \sin \omega_{\mathrm{d}}(t - \tau)d\tau \right|_{\max} \tag{A.8}$$

$$S_{\mathrm{v}} = \left| \int_0^t \ddot{z}(\tau)e^{-h\omega_{\mathrm{n}}(t-\tau)} \left\{ \cos \omega_{\mathrm{d}}(t - \tau) - \frac{h}{\sqrt{1-h^2}} \sin \omega_{\mathrm{d}}(t - \tau) \right\} d\tau \right|_{\max} \tag{A.9}$$

$$S_{\mathrm{a}} = \omega_{\mathrm{d}} \left| \int_0^t \ddot{z}(\tau)e^{-h\omega_{\mathrm{n}}(t-\tau)} \left\{ \left(1 - \frac{h^2}{1-h^2}\right) \sin \omega_d(t - \tau) \right. \right.$$

$$\left. \left. + \frac{2h}{\sqrt{1-h^2}} \cos \omega_{\mathrm{d}}(t - \tau) \right\} d\tau \right|_{\max} \tag{A.10}$$

である.地震加速度 $\ddot{z}(t)$ が与えられると,これらの諸量は固有周期 $T_{\mathrm{n}}\ (= 2\pi/\omega_{\mathrm{n}})$ と減衰定数 h の関数となり,$S_{\mathrm{d}}\ (T_{\mathrm{n}}, h)$,$S_{\mathrm{v}}\ (T_{\mathrm{n}}, h)$,$S_{\mathrm{a}}\ (T_{\mathrm{n}}, h)$ と表される.これらの諸量をそれぞれ,相対変位応答スペクトル,相対速度応答スペクトル,絶対加速度応答スペクトル,あるいはただ単に変位応答スペクトル,速度応答スペクトル,加速度応答スペクトルとよんでいる.また,通常の構造物では減衰定数 h は 1 に比べて小さい値であるから(7.4 節参照),近似的に

$$\sqrt{1 - h^2} \fallingdotseq 1 \tag{A.11}$$

$$\omega_{\mathrm{d}} \fallingdotseq \omega_{\mathrm{n}} \tag{A.12}$$

とおくことができる.さらに,1 に比べて h は小さいことから h^2,h の項を無視 *する と,式(A.8)〜(A.10)は

$$S_{\mathrm{d}} = \frac{1}{\omega_{\mathrm{n}}} \left| \int_0^t \ddot{z}(\tau)e^{-h\omega_{\mathrm{n}}(t-\tau)} \sin \omega_{\mathrm{n}}(t - \tau)d\tau \right|_{\max} \tag{A.13}$$

$$S_{\mathrm{v}} = \left| \int_0^t \ddot{z}(\tau)e^{-h\omega_{\mathrm{n}}(t-\tau)} \cos \omega_{\mathrm{n}}(t - \tau)d\tau \right|_{\max} \tag{A.14}$$

$$S_{\mathrm{a}} = \omega_{\mathrm{n}} \left| \int_0^t \ddot{z}(\tau)e^{-h\omega_{\mathrm{n}}(t-\tau)} \sin \omega_{\mathrm{n}}(t - \tau)d\tau \right|_{\max} \tag{A.15}$$

---

* ここで,h の無視は数値計算上無理なこともあるが,はじめに述べたようにここでの計算は設計上簡便に使用できることを目的としているので,厳密性が若干失われても仕方がない.

となる．上式は最大値のみを問題にしているから，これらの式で正弦関数と余弦関数を同一視すれば，

$$S_{\mathrm{v}} = \left| \int_0^t \ddot{z}(\tau) e^{-h\omega_{\mathrm{n}}(t-\tau)} \cos\omega_{\mathrm{n}}(t-\tau) d\tau \right|_{\max} \tag{A.16}$$

$$S_{\mathrm{d}} = \frac{1}{\omega_{\mathrm{n}}} S_{\mathrm{v}} \tag{A.17}$$

$$S_{\mathrm{a}} = \omega_{\mathrm{n}} S_{\mathrm{v}} \tag{A.18}$$

が得られる．式(A.17)，(A.18)は，それぞれ式(13.12)，(13.13)と同じ式である．

A.5 免震・制震

地震による揺れ(振動)に対する構造物への対応策には，**耐震，免震，制震**の三つの方法がある．耐震は，第Ⅲ編 耐震設計で記述したように，構造物の剛性や変形能力(粘り強さ＝靭性)を活用して，構造物が地震による揺れに耐えるように設計する方法である．以下に，図 A.3 (a)のラーメンを例にとり，免震，制震について概説する．

免震は，地震による揺れを構造物に伝えないようにする方法であり，構造物を支える地盤と構造物を切り離してしまう設計方法である．一例として図(b)に，地盤とラーメンの間にアイソレータ(積層ゴムなどにより，鉛直方向の重量を支え，水平方向には自由に動く装置)を入れて，地盤とラーメンを切り離し，水平方向の揺れを受けない免震構造のラーメンを示している．

制震は，地震の揺れを構造物内で吸収して，構造物が揺れないようにする方法であり，構造物にダンパーなどのエネルギー吸収装置を取り付ける設計方法である．一例として図(c)に，ダンパーを取り付けた制震構造のラーメンを示している．ここでは，ダンパーと構造物剛性の関係を知っておくことが大切である．

上述した免震構造，制震構造の振動性状やそれらの効果は，振動理論に基づいた動的解析で確認することができる．

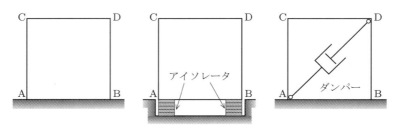

(a) ラーメン　　(b) 免震構造のラーメン　　(c) 制震構造のラーメン

図 A.3　免震構造と制震構造

A.6　静的変位 δ と固有周期 T の関係

図 A.4 に示す 1 自由度系の自重による静的変位と固有周期の関係について考える．バネ剛性を k，質量を m とするとき，自重による静的変位 δ は次式で表される．

$$\delta = \frac{mg}{k}$$

ここに，g は重力加速度である．この式を変形して以下の式を得る．

$$\frac{k}{m} = \frac{g}{\delta} \tag{A.19}$$

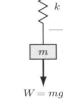

図 A.4　1 自由度系の自重による変位 (伸び)

また，図 A.4 の 1 自由度系の固有周期 T は，式 (6.7)，(6.15) より

$$T = \frac{2\pi}{\omega} = \frac{2\pi}{\sqrt{\dfrac{k}{m}}} \tag{A.20}$$

となる．式 (A.19) を式 (A.20) に代入すると，

$$T = \frac{2\pi}{\sqrt{\dfrac{g}{\delta}}} = \frac{2\pi}{\sqrt{g}}\sqrt{\delta} = 2.0071\sqrt{\delta} \tag{A.21}$$

を得る．これより，次式となり，式 (13.6) が得られる．

$$T \fallingdotseq 2.01\sqrt{\delta}$$

A.7　最大運動エネルギー＝最大ひずみ (位置) エネルギーから求められる変位 δ

エネルギー保存則，すなわち，設計振動単位の最大運動エネルギー＝最大ひずみ (位置) エネルギーの関係から設計振動単位の変位 δ を求める．図 13.3 に示す設計振動単位 A の最大運動エネルギー $K_{\max}$ は

$$K_{\max} = \frac{1}{2} \int \frac{w(x)}{g}(u(x)\omega)^2 \, dx = \frac{\omega^2}{2g} \int w(x) u(x)^2 \, dx \tag{A.22}$$

と表される．ここに，g は重力加速度，ω は設計振動単位 A の固有振動数 [rad/s]，$w(x)$，$u(x)$ は式 (13.7) と同じである．設計振動単位 A の最大ひずみ (位置) エネルギー $U_{\max}$ は

$$U_{\max} = \frac{1}{2} \int w(x) u(x) \, dx \tag{A.23}$$

と表される．$K_{\max} = U_{\max}$ より次式となる．

162　付　録

$$\frac{\omega^2}{2g} \int w(x)u(x)^2 \, \mathrm{d}x = \frac{1}{2} \int w(x)u(x)$$

$$\frac{g}{k} = \frac{\displaystyle \int w(x)u(x)^2 \, \mathrm{d}x}{\displaystyle \int w(x)u(x) \, \mathrm{d}x} \tag{A.24}$$

ここに，m, k は設計振動単位 A を図 A.4 のように 1 自由度系と考えたときの質量とバネ剛性である．式(A.19)の関係を式(A.24)に代入すると，式(13.7)が得られる．

A.8　刺激係数と有効質量

10.4 節で定義した n 次の正規化モード $\boldsymbol{\Phi}_n$ を用いると，図 13.9 (a) の構造物の**刺激係数** β_n は次式で表される．

$$\beta_n = \boldsymbol{\Phi}_n{}^T \boldsymbol{M} \boldsymbol{E} \tag{A.25}$$

ここに，$\boldsymbol{\Phi}_n{}^T$ は $\boldsymbol{\Phi}_n$ の転置ベクトル，$\boldsymbol{M}$ は質量マトリックス，$\boldsymbol{E}$ は図 13.9 (a) の2 次元の水平変位に対応する要素が 1，ほかの要素が 0 の列ベクトルである．この場合の刺激係数 β_n の 2 乗値は n 次モードの**有効質量**(effective mass)とよばれており，刺激係数と同様に動的応答計算に使用するモード数の決定に活用される．以下に，全有効質量の和が全質量の和になることを記す．n 次モードの有効質量 $\underline{m_n}$ は定義より，

$$\underline{m_n} = \beta_n{}^2 \tag{A.26}$$

と表され，全有効質量の和 $\underline{M}$ は刺激係数の列ベクトル β を用いて，次式で求められる．

$$\underline{M} = \beta^T \beta = (\boldsymbol{\Phi}^T \boldsymbol{M} \boldsymbol{E})^T \boldsymbol{\Phi}^T \boldsymbol{M} \boldsymbol{E} = \boldsymbol{E}^T \boldsymbol{M} \boldsymbol{\Phi} \boldsymbol{\Phi}^T \boldsymbol{M} \boldsymbol{E}$$
$$= \boldsymbol{E}^T \boldsymbol{M} \boldsymbol{\Phi} \boldsymbol{\Phi}^{-1} \boldsymbol{E} = \boldsymbol{E}^T \boldsymbol{M} \boldsymbol{E}$$
$$= \sum_{i=1}^{N'} m_i \tag{A.27}$$

ここに，m_i は質点 i の質量，N' は全質点数であり，式(A.27)の右辺は全質点の質量の和である．n 次モードの有効質量の全質量に対する割合は次式で求められる．

$$n \text{ 次モードの有効質量の割合}(\%) = \left(\frac{m_n}{M}\right) \times 100 \tag{A.28}$$

以上は 2 次元の水平変位を例にとって説明したが，2 次元の鉛直変位，3 次元の場合の面外変位についても同様の考えで有効質量を求めることができる．

演習問題の解答

第1章
1. 図 1.1 参照
2. 図 1.2 参照
3. 1.2 節参照
4. 1.3 節参照
5. 図 1.9 参照
6. 1.3 節参照
7. 1.4 節, 1.6 節参照
8. 1.5 節参照

第2章
1. 2.2 節, 2.3 節参照
2. 図 2.1 参照
3. 表 2.1 参照
4. 2.4 節参照
5. 最大振幅, 周期, 継続時間
6. 震央距離と最大加速度は反比例し, 震央距離と卓越周期は正比例する. マグニチュードが大きくなれば直線部の勾配が大きくなり, 比例定数は大きくなる.
7. 表 2.3 参照
8. 2.8 節参照
9. 硬い地盤では地震による変位振幅が小さいために震害は小さく, 軟らかい地盤では地震による変位振幅が大きいために震害は大きい.

第3章
1. 3.1 節, 3.2 節参照
2. 3.2 節参照

第4章
1. 4.3 節参照

第5章
1. 式 (5.4) より, $k = \dfrac{P}{\Delta l} = \dfrac{1000}{0.01} = 100000 \text{ N/m} = 100 \text{ kN/m}$

式(5.4)を変形して，$l = \dfrac{AE}{k} = \dfrac{1 \times 10^{-4} \times 206 \times 10^6}{100} = 206$ m

2. 式(5.6)より，$k = \dfrac{3 \times 206 \times 10^6 \times \dfrac{0.02^4}{64}\pi}{1^3} = 4.85$ kN/m

3. モデルは解図 5.1 (b) のようになる．図 5.6 の荷重作用点のたわみははり理論によると，
$$y = \dfrac{Pl^3}{48EI}$$
これより，
$$P = \dfrac{48EI}{l^3} y \quad \therefore \quad k = \dfrac{P}{y} = \dfrac{48EI}{l^3}$$

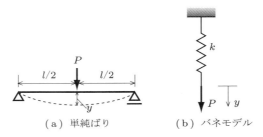

(a) 単純ばり　　(b) バネモデル

解図 5.1　はりとバネモデル

4. モデルは解図 5.2 (b) のようになる．たわみ角法により部材角 R を求める．ただし，φ：たわみ角モーメント，ψ：部材角モーメント，X：端せん力とする．

① 端モーメント式（対称性考慮）
$$M_{AC} = \varphi_C + \psi, \quad M_{CA} = 2\varphi_C + \psi, \quad M_{CD} = 3\varphi_C$$

② 節点方程式

　　節点 C　$M_{CA} + M_{CD} = 0, \quad 5\varphi_C + \psi = 0$ \hfill (k.1)

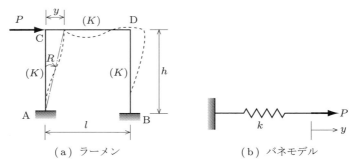

(a) ラーメン　　(b) バネモデル

解図 5.2　ラーメンとバネモデル

③ 層方程式
$$2X_{\mathrm{CA}} = P, \qquad 6\varphi_{\mathrm{C}} + 4\psi = -Ph \tag{k.2}$$

④ 変形
$$\begin{cases} 5\varphi_{\mathrm{C}} + \psi = 0 & \text{(k.1)} \\ 6\varphi_{\mathrm{C}} + 4\psi = -Ph & \text{(k.2)} \end{cases} \qquad \varphi_{\mathrm{C}} = \frac{1}{14}Ph, \quad \psi = -\frac{5}{14}Ph$$

また，ψ は $-6EK_0R$ であるから，
$$R = \frac{5Ph}{84EK_0} = \frac{5Ph^2}{84EI}$$

$y = Rh$ より，
$$y = \frac{5h^3}{84EI}P \qquad \therefore \quad P = \frac{84EI}{5h^3}y$$

したがって，
$$k = \frac{84EI}{5h^3}$$

5. （a） バネ k_1 に作用する力を P_1，バネ k_2 に作用する力を P_2 とすると，点 O に作用する力 P は，
$$P = P_1 + P_2$$
バネ k_1 と k_2 の伸び y は等しいから，
$$P_1 = k_1 y, \qquad P_2 = k_2 y$$
$$P = (k_1 + k_2)y = ky$$
ゆえに $k = k_1 + k_2$

（b） バネ k_1 の伸びを y_1，バネ k_2 の伸びを y_2 とすると点 O の変位量 y は，
$$y = y_1 + y_2$$
点 O に作用する力を P とすると k_1, k_2 にはそれぞれ P が作用するため，
$$P = k_1 y_1, \qquad P = k_2 y_2$$
$$y = \frac{P}{k_1} + \frac{P}{k_2} = \left(\frac{1}{k_1} + \frac{1}{k_2}\right)P$$
$$P = \frac{k_1 k_2}{k_1 + k_2}y = ky$$
ゆえに $k = \dfrac{k_1 k_2}{k_1 + k_2}$

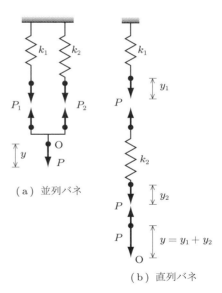

（a）並列バネ

（b）直列バネ

解図 5.3 2 個のバネ系の剛性

第6章

1. （1） $k \cdots \mathrm{N/m}$, $m \cdots \mathrm{kg}$, $y \cdots \mathrm{m}$ あるいは cm

（2）式(6.5)より $m\ddot{y} + ky = 0$，解は式(6.9)より

$$y = A\sin\omega_\mathrm{n} t + B\cos\omega_\mathrm{n} t, \quad \text{ここに，} \omega_\mathrm{n} = \sqrt{\frac{k}{m}}, \quad A, B \text{は積分定数}$$

（3）式(6.7)より $\omega_\mathrm{n} = \sqrt{\dfrac{4.0}{1.0}} = 2.0 \text{ rad/s}$

$$y = A\sin 2t + B\cos 2t$$

1階微分すると，$\dot{y} = 2A\cos 2t - 2B\sin 2t$

初期条件 $t = 0, y = 3.0$ cm より $B = 3.0$

$\qquad t = 0, \dot{y} = 5.0$ cm/s より $A = 2.5$

$$\therefore \ y = 2.5\sin 2t + 3\cos 2t \ [\text{cm}]$$

（4） $y = \sqrt{6.25 + 9}\left\{\dfrac{2.5}{\sqrt{6.25+9}}\sin 2t + \dfrac{3}{\sqrt{6.25+9}}\cos 2t\right\} = \sqrt{15.25}\sin(2t + \alpha)$

$$\tan\alpha = \frac{3}{2.5}$$

変位応答図は解図 6.1 のようになる．

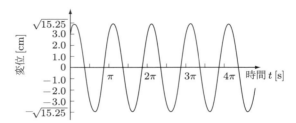

解図 6.1　変位応答図

2. （1）式(6.5)より $m\ddot{y} + ky = 0$

（2） $2\ddot{y} + 800y = 0$

　上式より

$\qquad$ 固有円振動数 $\quad \omega_\mathrm{n} = \sqrt{\dfrac{800}{2}} = 20$ rad/s

$\qquad$ 固有振動数 $\quad f_\mathrm{n} = \dfrac{20}{2\pi} = 3.18$ Hz

$\qquad$ 固有周期 $\quad T_\mathrm{n} = \dfrac{1}{f_\mathrm{n}} = \dfrac{1}{3.18} = 0.314$ s

（3）式(6.9)より，$y = C\cos 20t + D\sin 20t$

　ただし，C, D は積分定数

（4） $\dot{y} = -20C\sin 20t + 20D\cos 20t$

$t = 0$ のとき，$y = 0$ より $C = 0$

$t = 0$ のとき，$\dot{y} = \dfrac{5}{3}$ より $20D = \dfrac{5}{3}$ ∴ $D = \dfrac{1}{12}$

∴ $y = \dfrac{1}{12}\sin 20t$

(5) 変位応答図は解図 6.2 のようになる．

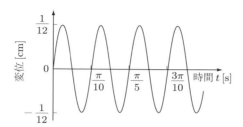

解図 6.2 変位応答図

3. (1) フックの法則より，$\dfrac{W}{A} = E\dfrac{\Delta l}{l}$

∴ $\Delta l = \dfrac{Wl}{AE}$

(2) $W = \dfrac{AE}{l}\Delta l$ より，バネ定数 $k = \dfrac{AE}{l} = \dfrac{\dfrac{\pi}{4} \times 3^2 \times 206}{1500} = 0.971$ kN/mm $= 971$ N/mm

(3) $\Delta l = \dfrac{W}{k}$ より $\Delta l = \dfrac{971}{971} = 1$ mm

(4) 式 (6.5) より，

$m\ddot{y} + ky = 0$, $m = \dfrac{971}{9.8} = 99.1$ kg, $k = 971$ N/mm $= 971 \times 10^3$ N/m

∴ $99.1\ddot{y} + 971 \times 10^3 y = 0$

(5) $\omega_n = \sqrt{\dfrac{k}{m}} = \sqrt{\dfrac{971 \times 10^3}{99.1}} = 99.0$ rad/s

固有振動数 $f_n = \dfrac{\omega_n}{2\pi} = 15.8$ Hz

固有周期 $T_n = \dfrac{1}{f_n} = 0.063$ s

4. (1) 式 (6.12) より，

$y = \sqrt{9+16}\sin(3\pi t + \alpha) = 5\sin(3\pi t + \alpha)$

$\tan\alpha = \dfrac{4}{3}$

(2) 振幅 5 cm，固有円振動数 $\omega_n = 3\pi$ [rad/s]．変位応答図は解図 6.3 のようになる．

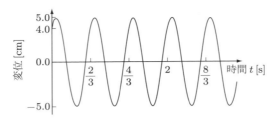

解図 6.3　変位応答図

第 7 章

1. ① 車が路面の段差上を走行したときに発生する車の振動
② 地震によって発生する橋や建物の振動
③ 風によって発生する煙突や架線の振動

2. （1）式 (7.3) より，$\ddot{y} + \dfrac{c}{m}\dot{y} + \dfrac{k}{m}y = 0$

（2）（1）で導いた式に値を代入すると，$\ddot{y} + 0.4\dot{y} + 100y = 0$

　　　固有円振動数　　$\omega_\mathrm{n} = \sqrt{100} = 10$ rad/s

　　　臨界減衰係数　　式 (7.12) より $C_\mathrm{c} = 2\sqrt{98 \times 9800} = 1960$ kg/s

　　　減衰定数　　　　式 (7.13) より $h = \dfrac{39.2}{1960} = 0.02$

3.　固有円振動数　$\omega_\mathrm{n} = \dfrac{2\pi}{T_\mathrm{n}} = \dfrac{2\pi}{\dfrac{(6.3 - 2.3)}{2}} = \pi$ rad/s

　　　固有振動数　$f_\mathrm{n} = \dfrac{\omega_\mathrm{n}}{2\pi} = \dfrac{\pi}{2\pi} = 0.5$ Hz

　　　対数減衰率　式 (7.22) より $\delta = \log_e \dfrac{3.3075}{3.15} = \log_e 1.05 = 0.049$

　　　$\left(2\delta = \log_e \dfrac{Y_1}{Y_3} = \log_e \dfrac{3.3075}{3.0} = 0.098, \quad \delta = 0.049\right)$

第 8 章

1. 8.1 節参照

2.（1）式 (8.2) より，$m\ddot{y} + c\dot{y} + ky = P_0 \sin \omega t$

（2）図 8.12 (b) … 正弦波外力による変位共振曲線
　　　図 8.12 (c) … 正弦波外力による変位位相遅れ

（3）図 8.12 (b)　縦座標：$\dfrac{動的変位}{静的変位}$，　横座標：$\dfrac{外力の振動数}{系の固有円振動数}$

　　　図 8.12 (c)　縦座標：位相遅れ角 [rad]，　横座標：$\dfrac{外力の振動数}{系の固有円振動数}$

（4）減衰定数をパラメータとしている．

図 8.12（b）… 図 8.2 参照
図 8.12（c）… 図 8.3 参照
（5）図 8.12（b）… 8.3 節参照
図 8.12（c）… 8.4 節参照
（6）例題 8.1 参照
3.（1）式 (8.14) より，$m\ddot{y} + c\dot{y} + ky = m\omega^2 a_0 \sin\omega t$
（2）変位共振曲線は解図 8.1 のようになる．

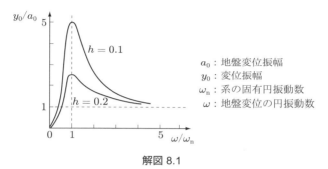

解図 8.1

（3）8.7 節参照

第9章

1. インパルス応答 … 9.1 節参照

2.（1）運動方程式 … 式 (6.6) より，$\ddot{y} + 4y = 0$
  解 … 式 (6.9) より，$y = a\sin 2t + b\cos 2t$
    ただし，a, b は積分定数
（2）式 (9.4) より，$\dot{y}_0 = \dfrac{100 \times 0.01}{200} = 0.005$ m/s
  式 (9.5) より，$y_0 = \dfrac{100 \times 0.01^2}{2 \times 200} = 0.000025$ m $\fallingdotseq 0$ m
（3）式 (6.11) より，$a = \dfrac{0.005}{2} = 0.0025$ m/s，$b = 0$
（4）$y = 0.0025 \sin 2t$ [m]

3. 単位ステップ外力による応答として求めると，式 (9.14) より
$$y = \int_0^t P g_1(t-\tau)\,d\tau = \dfrac{P}{m\omega_n} \int_0^t \sin\omega_n(t-\tau)\,d\tau = \dfrac{P}{m\omega_n^2}(1-\cos\omega_n t)$$
$$= \dfrac{1}{20}\{1 - \cos(2t)\}, \qquad \omega_n = \sqrt{\dfrac{k}{m}}$$

第10章

1. (1) 図 10.3 より,解図 10.1 のようになる.

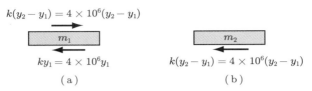

解図 10.1

(2) 式(10.5)より

$$\begin{bmatrix} 1 \times 10^6 & 0 \\ 0 & 1 \times 10^6 \end{bmatrix} \begin{Bmatrix} \ddot{y}_1 \\ \ddot{y}_2 \end{Bmatrix} + \begin{bmatrix} 8 \times 10^6 & -4 \times 10^6 \\ -4 \times 10^6 & 4 \times 10^6 \end{bmatrix} \begin{Bmatrix} y_1 \\ y_2 \end{Bmatrix} = \begin{Bmatrix} 0 \\ 0 \end{Bmatrix}$$

(3) 式(10.13)より

$$\begin{vmatrix} 8 \times 10^6 - 1 \times 10^6 \times \lambda & -4 \times 10^6 \\ -4 \times 10^6 & 4 \times 10^6 - 1 \times 10^6 \times \lambda \end{vmatrix} = 0 \quad \text{ただし,} \lambda = w^2$$

行列式を展開すると,

$$\lambda^2 - 12\lambda + 16 = 0$$

(4) 振動数方程式を解くと,

$$\lambda = 6 \pm \sqrt{20}$$

$$\lambda_1 = 1.528 \quad \therefore \omega_1 = 1.236 \text{ rad/s}$$

$$\lambda_2 = 10.472 \quad \therefore \omega_2 = 3.236 \text{ rad/s}$$

ゆえに固有振動数は, $f_1 = \dfrac{\omega_1}{2\pi} = 0.197$ Hz, $f_2 = \dfrac{\omega_2}{2\pi} = 0.515$ Hz

1 次固有モードは式(10.15)より

$$\left(\frac{Y_1}{Y_2}\right)_{\lambda_1} = \frac{Y_{11}}{Y_{12}} = \frac{-(-4 \times 10^6)}{8 \times 10^6 - 1.528 \times 1 \times 10^6} = 0.618$$

$$\therefore \begin{Bmatrix} Y_{11} \\ Y_{12} \end{Bmatrix} = \begin{Bmatrix} 0.618 \\ 1.0 \end{Bmatrix}$$

2 次固有モードは式(10.16)より

$$\left(\frac{Y_1}{Y_2}\right)_{\lambda_2} = \frac{Y_{21}}{Y_{22}} = \frac{-(-4 \times 10^6)}{8 \times 10^6 - 10.472 \times 1 \times 10^6} = -1.618$$

$$\therefore \begin{Bmatrix} Y_{21} \\ Y_{22} \end{Bmatrix} = \begin{Bmatrix} -1.618 \\ 1.0 \end{Bmatrix}$$

(5) 式(10.23)より

$$C_1 = \frac{1}{\sqrt{1 \times 10^6 \times 0.618^2 + 1 \times 1.0^6 \times 1.0^2}} = \frac{1}{1.176 \times 10^3}$$

$$C_2 = \frac{1}{\sqrt{1 \times 10^6 \times (-1.618)^2 + 1 \times 10^6 \times 1.0^2}} = \frac{1}{1.902 \times 10^3}$$

∴ 1次正規化モード $\boldsymbol{\Phi}_1 = \begin{Bmatrix} 0.526 \times 10^{-3} \\ 0.851 \times 10^{-3} \end{Bmatrix}$

2次正規化モード $\boldsymbol{\Phi}_2 = \begin{Bmatrix} -0.851 \times 10^{-3} \\ 0.526 \times 10^{-3} \end{Bmatrix}$

よって，モード図は解図 10.2 のようになる．

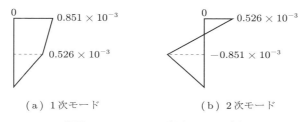

(a) 1次モード　　(b) 2次モード

解図 10.2　モード図（単位：$\mathrm{kg}^{-1/2}$）

(6) 式(10.30)で基準モード $\boldsymbol{Y}$ を正規化モード $\boldsymbol{\Phi}$ に置き換えて，

$$\sum_{i=1}^{2} m_i \Phi_{1i} \Phi_{2i} = 1 \times 10^6 \times 0.526 \times 10^{-3} \times (-0.851 \times 10^{-3})$$
$$+ 1 \times 10^6 \times 0.851 \times 10^{-3} \times 0.526 \times 10^{-3}$$
$$= 0$$

∴ 直交条件を満足している．

第11章

1.　(1) 運動方程式は式(11.12)より，

$$2 \times 10^6 \ddot{y}_1 + 2 \times 4 \times 10^6 y_1 - 4 \times 10^6 y_2 = 2 \times 10^6 \sin \pi t$$
$$2 \times 10^6 \ddot{y}_2 - 4 \times 10^6 y_1 + 4 \times 10^6 y_2 = 3 \times 10^6 \sin \pi t$$

振動数方程式を求めるために上式の右辺を零とおき，式(10.9a, b)より

$$y_1 = Y_1 \sin \omega t, \quad y_2 = Y_2 \sin \omega t$$

とおくと，振動数方程式は式(10.13)より

$$\begin{vmatrix} 8 \times 10^6 - 2 \times 10^6 \times \lambda & -4 \times 10^6 \\ -4 \times 10^6 & 4 \times 10^6 - 2 \times 10^6 \times \lambda \end{vmatrix} = 0 \quad \text{ただし，} \lambda = \omega^2$$

∴ $\lambda^2 - 6\lambda + 4 = 0$

(2) 振動数方程式の解を求めると

172　演習問題の解答　第 11 章

$$\lambda = 3 \pm \sqrt{5}$$

$$\lambda_1 = 0.7639, \quad \omega_1 = 0.874 \text{ rad/s}, \quad f_1 = 0.139 \text{ Hz} \cdots 1 \text{ 次固有振動数}$$

$$\lambda_2 = 5.2361, \quad \omega_2 = 2.288 \text{ rad/s}, \quad f_2 = 0.364 \text{ Hz} \cdots 2 \text{ 次固有振動数}$$

次に固有モードは

$\lambda_1 = 0.7639$ のとき，式(10.15)より，

$$\frac{Y_{11}}{Y_{12}} = \frac{-(-4 \times 10^6)}{8 \times 10^6 - 0.7639 \times 2 \times 10^6} = 0.618, \qquad \boldsymbol{Y}_1 = \left\{ \begin{array}{c} 0.618 \\ 1.0 \end{array} \right\}$$

$\lambda_2 = 5.2361$ のとき，式(10.16)より，

$$\frac{Y_{21}}{Y_{22}} = \frac{-(-4 \times 10^6)}{8 \times 10^6 - 5.2361 \times 2 \times 10^6} = -1.618, \qquad \boldsymbol{Y}_2 = \left\{ \begin{array}{c} -1.618 \\ 1.0 \end{array} \right\}$$

となる．正規化モードは式(10.23)より，

$$C_1 = \frac{1}{\sqrt{2 \times 10^6 \times 0.618^2 + 2 \times 10^6 \times 1^2}} = 0.6015 \times 10^{-3}$$

$$C_2 = \frac{1}{\sqrt{2 \times 10^6 \times (-1.618)^2 + 2 \times 10^6 \times 1^2}} = 0.3718 \times 10^{-3}$$

1 次正規化モード　$\boldsymbol{\Phi}_1 = \left\{ \begin{array}{c} 0.3718 \times 10^{-3} \\ 0.6015 \times 10^{-3} \end{array} \right\}$

2 次正規化モード　$\boldsymbol{\Phi}_2 = \left\{ \begin{array}{c} -0.6015 \times 10^{-3} \\ 0.3718 \times 10^{-3} \end{array} \right\}$

（3）式(11.15)より運動方程式は，

$$\begin{bmatrix} 2 \times 10^6 & 0 \\ 0 & 2 \times 10^6 \end{bmatrix} \left\{ \begin{array}{c} \ddot{y}_1 \\ \ddot{y}_2 \end{array} \right\} + \begin{bmatrix} 8 \times 10^6 & -4 \times 10^6 \\ -4 \times 10^6 & 4 \times 10^6 \end{bmatrix} \left\{ \begin{array}{c} y_1 \\ y_2 \end{array} \right\} = \left\{ \begin{array}{c} 2 \times 10^6 \\ 3 \times 10^6 \end{array} \right\} \sin \pi t$$

となる．時間関数の式は，式(11.16a, b)，(11.17a, b)を上式に代入し，直交条件と正規化条件を用いて整理すれば求められるが，ここでは簡単のために式(11.22)，(11.23)に代入して同様の結果を得る．

$$\ddot{q}_1 + 0.7639 q_1 = 2.548 \times 10^3 \times \sin \pi t$$

$$\ddot{q}_2 + 5.236 q_2 = -0.0876 \times 10^3 \times \sin \pi t$$

（4）時間関数の同次解は式(6.9)より，

$$\ddot{q}_1 + 0.7639 q_1 = 0 \ \rightarrow \ q_1 = a_1 \sin 0.874 t + b_1 \cos 0.874 t$$

$$\ddot{q}_2 + 5.236 q_2 = 0 \ \rightarrow \ q_2 = a_2 \sin 2.288 t + b_2 \cos 2.288 t$$

このときの応答は式(11.16c)より，

$$\left\{ \begin{array}{c} y_1 \\ y_2 \end{array} \right\} = \left\{ \begin{array}{c} 0.3718 \times 10^{-3} \\ 0.6015 \times 10^{-3} \end{array} \right\} \times (a_1 \sin 0.874 t + b_1 \cos 0.874 t)$$

$$+ \left\{ \begin{array}{c} -0.6015 \times 10^{-3} \\ 0.3718 \times 10^{-3} \end{array} \right\} \times (a_2 \sin 2.288t + b_2 \cos 2.288t)$$

$$= \left\{ \begin{array}{c} 0.3718 \times 10^{-3} \times (a_1 \sin 0.874t + b_1 \cos 0.874t) \\ \quad - 0.6015 \times 10^{-3}(a_2 \sin 2.288t + b_2 \cos 2.288t) \\ 0.6015 \times 10^{-3} \times (a_1 \sin 0.874t + b_1 \cos 0.874t) \\ \quad + 0.3718 \times 10^{-3}(a_2 \sin 2.288t + b_2 \cos 2.288t) \end{array} \right\} \qquad \begin{array}{c} \text{(k.3)} \\[2em] \text{(k.4)} \end{array}$$

(5) 式(8.5b) より

$$q_1 = \frac{2.548 \times 10^3}{0.7639} \frac{1}{1 - \left(\dfrac{\pi}{0.874}\right)^2} \sin \pi t = -0.2798 \times 10^3 \times \sin \pi t$$

$$q_2 = \frac{-0.0876 \times 10^3}{5.2361} \frac{1}{1 - \left(\dfrac{\pi}{2.288}\right)^2} \sin \pi t = 0.01890 \times 10^3 \times \sin \pi t$$

このときの応答は式(11.16c) より,

$$\left\{ \begin{array}{c} y_1 \\ y_2 \end{array} \right\} = \left\{ \begin{array}{c} 0.3718 \times 10^{-3} \\ 0.6015 \times 10^{-3} \end{array} \right\} \times (-0.2798 \times 10^3 \times \sin \pi t)$$

$$+ \left\{ \begin{array}{c} -0.6015 \times 10^{-3} \\ 0.3718 \times 10^{-3} \end{array} \right\} \times (0.01890 \times 10^3 \times \sin \pi t)$$

$$= \left\{ \begin{array}{c} -0.1154 \\ -0.1613 \end{array} \right\} \sin \pi t \qquad \begin{array}{c} \text{(k.5)} \\ \text{(k.6)} \end{array}$$

(6) 式(k.3) ＋ 式(k.5) より,

$$y_1 = 0.3718 \times 10^{-3}(a_1 \sin 0.874t + b_1 \cos 0.874t)$$

$$- 0.6015 \times 10^{-3}(a_2 \sin 2.288t + b_2 \cos 2.288t)$$

$$- 0.1154 \sin \pi t \qquad \text{(k.7)}$$

式(k.4) ＋ 式(k.6) より,

$$y_2 = 0.6015 \times 10^{-3}(a_1 \sin 0.874t + b_1 \cos 0.874t)$$

$$+ 0.3718 \times 10^{-3}(a_2 \sin 2.288t + b_2 \cos 2.288t)$$

$$- 0.1613 \sin \pi t \qquad \text{(k.8)}$$

式(k.7), (k.8)を時間 t で微分して速度応答を求めると,

$$\dot{y}_1 = 0.3250 \times 10^{-3}(a_1 \cos 0.874t - b_1 \sin 0.874t)$$

$$- 1.3762 \times 10^{-3}(a_2 \cos 2.288t - b_2 \sin 2.288t)$$

$$- 0.1154\pi \cos \pi t \qquad \text{(k.9)}$$

$$\dot{y}_2 = 0.5257 \times 10^{-3}(a_1 \cos 0.874t - b_1 \sin 0.874t)$$

$$+ 0.8507 \times 10^{-3}(a_2 \cos 2.288t - b_2 \sin 2.288t)$$

$$- 0.1613\pi \cos \pi t \qquad\qquad\qquad\qquad\qquad\qquad\qquad\qquad\quad (\mathrm{k}.10)$$

式 (k.7)〜(k.10) と初期条件より，

$$
\begin{cases}
0.3718 \times 10^{-3} b_1 - 0.6015 \times 10^{-3} b_2 = 2.0 \\
0.6015 \times 10^{-3} b_1 + 0.3718 \times 10^{-3} b_2 = 3.0 \\
0.3250 \times 10^{-3} a_1 - 1.3762 \times 10^{-3} a_2 = 0.1154\pi \\
0.5257 \times 10^{-3} a_1 + 0.8507 \times 10^{-3} a_2 = 0.1613\pi
\end{cases}
$$

$$\therefore \quad a_1 = 1.0059 \times 10^3, \qquad a_2 = -0.0259 \times 10^3,$$

$$\qquad b_1 = 5.0962 \times 10^3, \qquad b_2 = -0.1750 \times 10^3$$

ゆえに，求める動的応答は，

$$y_1 = 0.3740 \sin 0.874t + 1.8948 \cos 0.874t + 0.0156 \sin 2.288t$$

$$\qquad + 0.1052 \cos 2.288t - 0.1154 \sin \pi t$$

$$y_2 = 0.6050 \sin 0.874t + 3.0653 \cos 0.874t - 0.0096 \sin 2.288t$$

$$\qquad - 0.0651 \cos 2.288t - 0.1613 \sin \pi t$$

2. 式 (11.12) より，マトリックス表示した運動方程式は，

$$
\begin{bmatrix} 2 & 0 \\ 0 & 4 \end{bmatrix} \begin{Bmatrix} \ddot{y}_1 \\ \ddot{y}_2 \end{Bmatrix} + \begin{bmatrix} 5 & -3 \\ -3 & 3 \end{bmatrix} \begin{Bmatrix} y_1 \\ y_2 \end{Bmatrix} = \begin{Bmatrix} 0 \\ 0.1 \cos\left(\dfrac{\pi}{3}t\right) \end{Bmatrix}
$$

この 2 自由度系の固有円振動数は (例題 12.2 の解 (1) を参照)，$\omega_1 = 0.5 \ \mathrm{rad/s}$, $\omega_2 = \sqrt{3} \ \mathrm{rad/s}$ となる．式 (10.24a, b) より正規化モードは

$$
\boldsymbol{\Phi}_1 = \begin{Bmatrix} \dfrac{1}{\sqrt{11}} \\[2mm] \dfrac{3}{2\sqrt{11}} \end{Bmatrix}, \qquad
\boldsymbol{\Phi}_2 = \begin{Bmatrix} -\dfrac{3}{\sqrt{22}} \\[2mm] \dfrac{1}{\sqrt{22}} \end{Bmatrix}
$$

式 (11.22)，(11.23) より，時間関数に関する微分方程式は

$$\ddot{q}_1 + \frac{1}{4} q_1 = 0.04523 \cos\left(\frac{\pi}{3}t\right)$$

$$\ddot{q}_2 + 3 q_2 = 0.02132 \cos\left(\frac{\pi}{3}t\right)$$

これらの解は同次解と特解の和として表せるから (式 (6.9) と式 (8.5b) より)，

$$q_1 = a_1 \cos(0.5t) + b_1 \sin(0.5t) - 0.05342 \cos\left(\frac{\pi}{3}t\right)$$

$$q_2 = a_2 \cos(\sqrt{3}t) + b_2 \sin(\sqrt{3}t) + 0.01120 \cos\left(\frac{\pi}{3}t\right)$$

変位は式 (11.16a, b) で表され，初期条件が $t = 0$ で $y_1 = 0$, $y_2 = 0$, $\dot{y}_1 = 0$, $\dot{y}_2 = 0$ と与えられていることより，変位応答は次式のようになる．

$$y_1 = 0.01611\cos(0.5t) + 0.00716\cos(\sqrt{3}t) - 0.02323\cos\left(\frac{\pi}{3}t\right)$$

$$y_2 = 0.02416\cos(0.5t) - 0.00239\cos(\sqrt{3}t) - 0.02177\cos\left(\frac{\pi}{3}t\right) \quad (単位：m)$$

変位応答図は解図 11.1 のようになる．

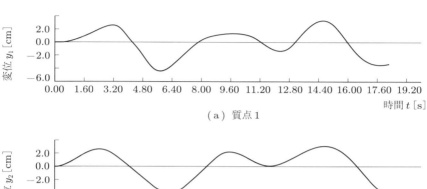

解図 11.1 2 自由度系の変位応答図

第 12 章

1. 式 (8.2) より運動方程式は，$5\ddot{y} + 0.04\dot{y} + 20y = 1.0$
簡単にするために両辺を 5 で割ると，

$$\ddot{y} + 0.008\dot{y} + 4y = 0.2 \tag{k.11}$$

この式より系の固有円振動数は，$\omega_n = 2$ rad/s
固有周期は，$T_n = \dfrac{2\pi}{2} = \pi$ [s]
ゆえに時間間隔は，$\Delta t = \dfrac{T_n}{10} = \dfrac{\pi}{10}$ [s]
また減衰定数は，式 (7.12), (7.13) より $h = 0.002$
初期条件 $t = 0$ のとき $y_0 = 0$，$\dot{y}_0 = 0$ より，$\ddot{y}_0 = 0.2$ m/s^2
$\Delta t = \dfrac{\pi}{10}$ のときのステップ $(i+1)$ での応答は，式 (k.11) を式 (12.19) に使用して，

$$\ddot{y}_{i+1} = \left(1.0 + 0.0004\pi + \frac{\pi^2}{100}\right)^{-1}\left\{0.2 - 0.008\left(\dot{y}_i + \frac{\pi}{20}\ddot{y}_i\right)\right.$$

$$\left. - 4\left(y_i + \frac{\pi}{10}\dot{y}_i + \frac{\pi^2}{400}\ddot{y}_i\right)\right\}$$

式(12.17), (12.18) より

$$\dot{y}_{i+1} = \dot{y}_i + \frac{\pi}{20}(\ddot{y}_i + \ddot{y}_{i+1})$$

$$y_{i+1} = y_i + \frac{\pi}{10}\dot{y}_i + \frac{\pi^2}{400}(\ddot{y}_i + \ddot{y}_{i+1})$$

応答図は解図 12.1 のようになる.

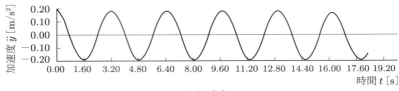

(a) 加速度

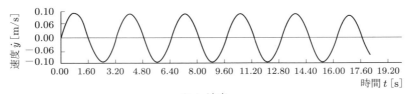

(b) 速度

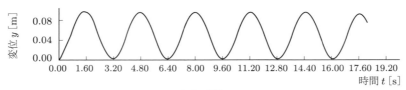

(c) 変位

解図 12.1　1 自由度系の応答図

2. 例題 11.2 より系の固有円振動数は $\omega_1 = 0.707$ rad/s, $\omega_2 = 2.449$ rad/s
したがって，時間間隔は $\Delta t = \dfrac{2\pi}{2.449 \times 5} = 0.513 \fallingdotseq 0.5$ s
運動方程式は式(12.21)より，

$$\begin{bmatrix} m_1 & 0 \\ 0 & m_2 \end{bmatrix} \begin{Bmatrix} \ddot{y}_1 \\ \ddot{y}_2 \end{Bmatrix} + \begin{bmatrix} k_1+k_2 & -k_2 \\ -k_2 & k_2 \end{bmatrix} \begin{Bmatrix} y_1 \\ y_2 \end{Bmatrix} = \begin{Bmatrix} 0 \\ P \end{Bmatrix}$$

$$\begin{bmatrix} 1\times 10^6 & 0 \\ 0 & 2\times 10^6 \end{bmatrix} \begin{Bmatrix} \ddot{y}_1 \\ \ddot{y}_2 \end{Bmatrix} + \begin{bmatrix} 5\times 10^6 & -3\times 10^6 \\ -3\times 10^6 & 3\times 10^6 \end{bmatrix} \begin{Bmatrix} y_1 \\ y_2 \end{Bmatrix} = \begin{Bmatrix} 0 \\ 2\times 10^4 \end{Bmatrix}$$

両辺を 10^6 で割ると

$$\begin{bmatrix} 1 & 0 \\ 0 & 2 \end{bmatrix} \begin{Bmatrix} \ddot{y}_1 \\ \ddot{y}_2 \end{Bmatrix} + \begin{bmatrix} 5 & -3 \\ -3 & 3 \end{bmatrix} \begin{Bmatrix} y_1 \\ y_2 \end{Bmatrix} = \begin{Bmatrix} 0 \\ 0.02 \end{Bmatrix}$$

式(12.26)において，初期条件 $t=0$ のとき，
$$\boldsymbol{y}_0 = \left\{\begin{array}{c} y_1 \\ y_2 \end{array}\right\}_0 = \left\{\begin{array}{c} 0 \\ 0 \end{array}\right\}, \quad \dot{\boldsymbol{y}}_0 = \left\{\begin{array}{c} \dot{y}_1 \\ \dot{y}_2 \end{array}\right\}_0 = \left\{\begin{array}{c} 0 \\ 0 \end{array}\right\}$$

より，
$$\ddot{\boldsymbol{y}}_0 = \left\{\begin{array}{c} \ddot{y}_1 \\ \ddot{y}_2 \end{array}\right\}_0 = \begin{bmatrix} 1 & 0 \\ 0 & \frac{1}{2} \end{bmatrix} \left\{\begin{array}{c} 0 \\ 0.02 \end{array}\right\} = \left\{\begin{array}{c} 0 \\ 0.01 \end{array}\right\}$$

ステップ $(i+1)$ での応答は，式(12.25)より，
$$\ddot{\boldsymbol{y}}_{i+1} = \left\{\begin{bmatrix} 1 & 0 \\ 0 & 2 \end{bmatrix} + \frac{0.25}{4}\begin{bmatrix} 5 & -3 \\ -3 & 3 \end{bmatrix}\right\}^{-1}$$
$$\times \left[\left\{\begin{array}{c} 0 \\ 0.01 \end{array}\right\} - \begin{bmatrix} 5 & -3 \\ -3 & 3 \end{bmatrix} \times \left(\left\{\begin{array}{c} y_1 \\ y_2 \end{array}\right\}_i + 0.5\left\{\begin{array}{c} \dot{y}_1 \\ \dot{y}_2 \end{array}\right\}_i + \frac{0.25}{4}\left\{\begin{array}{c} \ddot{y}_1 \\ \ddot{y}_2 \end{array}\right\}_i\right)\right]$$

式(12.23), (12.24) より，
$$\dot{\boldsymbol{y}}_{i+1} = \dot{\boldsymbol{y}}_i + \frac{0.5}{2}(\ddot{\boldsymbol{y}}_i + \ddot{\boldsymbol{y}}_{i+1})$$
$$\boldsymbol{y}_{i+1} = \boldsymbol{y}_i + 0.5\dot{\boldsymbol{y}}_i + \frac{0.25}{4}(\ddot{\boldsymbol{y}}_i + \ddot{\boldsymbol{y}}_{i+1})$$

で計算される．変位応答図は解図12.2のとおりである．

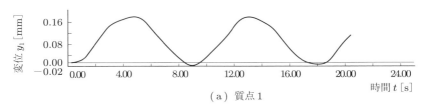

(a) 質点1

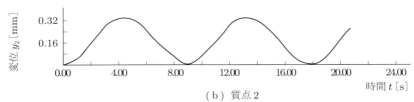

(b) 質点2

解図 12.2 変位応答図

第13章

1. 震度法 … 13.2 節参照，応答変位法 … 13.4 節参照，地震時保有水平耐力法 … 13.5 節参照，動的解析法 … 13.6 節参照．

2. 式(13.8) より $\kappa_\mathrm{h} = C_\mathrm{Z} \kappa_\mathrm{h0}$
図 13.5 より宮崎市の補正係数は $C_\mathrm{Z} = 0.85$

178　演習問題の解答　第 13 章

地盤の特性値は式 (13.9) より，$T_\mathrm{G} = 4\left(\dfrac{50}{100 \times 5^{1/3}} + \dfrac{50}{80 \times 20^{1/3}}\right) = 2.09$ s

地盤種別は表 13.2 より Ⅲ 種地盤

表 13.1，図 13.4 より

$$\kappa_\mathrm{h0} = 0.430 \times 0.3^{1/3} = 0.288 \qquad \therefore\ \kappa_\mathrm{h} = 0.85 \times 0.288 = 0.24$$

3.　13.6 節参照

4.　式 (13.32) より，$S_\mathrm{a} = C_\mathrm{Z} C_\mathrm{D} S_0$

問 2 の結果より，$C_\mathrm{Z} = 0.85$

式 (13.33) より，$C_\mathrm{D} = \dfrac{1.5}{40 \times 0.02 + 1} + 0.5 = 1.33$

図 13.10 において，Ⅲ 種地盤，$T_\mathrm{n} = 0.3$ s より $S_0 = 288$ cm/s^2

$$\therefore\ S_\mathrm{a} = 0.85 \times 1.33 \times 288 = 326 \text{ cm/s}^2$$

式 (13.15) より，$S_\mathrm{v} = \dfrac{S_\mathrm{a}}{\omega_\mathrm{n}} = \dfrac{326}{\dfrac{2\pi}{0.3}} = 15.6$ cm/s

式 (13.16) より，$S_\mathrm{d} = \dfrac{S_\mathrm{a}}{\omega_\mathrm{n}{}^2} = \dfrac{326}{\left(\dfrac{2\pi}{0.3}\right)^2} = 0.7$ cm

参考文献

第Ⅰ編

［1］藤井敏嗣，纐纈一起 編：地震と津波と火山の事典，丸善出版，2008 年．
［2］萩原尊禮：地震への挑戦，講談社，1983 年．
［3］竹内均 編集：Newton，Vol.11（6），教育社，1991 年 5 月．
［4］国立天文台 編：理科年表 平成 26 年，丸善出版，2014 年．
［5］土木学会東北支部：1978 年宮城県沖地震報告，土木学会誌，Vol.63（13），1978 年 12 月．
［6］大原資生：最新耐震工学（第 5 版），森北出版，1998 年．
［7］大地羊三：耐震計算法入門，鹿島出版会，1984 年．
［8］福岡正巳 編：新しい耐震設計入門，近代図書，1983 年．
［9］久保慶三郎：地震と土木構造物，鹿島出版会，1981 年．
［10］金井清 他 3 名：南海地震災害報告，土木学会誌，Vol.32（1），1947 年 8 月．
［11］岡本舜三：地震力を考えた構造物設計法，オーム社，1962 年．
［12］笠原慶一：地震の科学，恒星社，1980 年．
［13］佐々木康：土構造物の地震被害事例，土構造物の地震被害事例，土木研究所資料，No.1576，建設省土木研究所，1980 年．
［14］宇佐美龍夫 編著：建築のための地震工学，市ケ谷出版，1990 年．
［15］東京大学公開講座：地震，東京大学出版会，pp.24-28，1976 年．
［16］萩原尊禮 編：日本列島の地震，鹿島出版会，1991 年．
［17］荒川直士 他 2 名：土木耐震工学，コロナ社，1990 年．

第Ⅱ編

［18］日本機械学会：小特集　回転機械の振動，日本機械学会誌，Vol.72（610），1969 年．
［19］Newmark, N. M.：A Method of Computation for Structural Dynamics, *Proc. of ASCE.*, Vol.EM3, pp.67-74, 1959.
［20］Wilson, E. L. and Clough, R. W.：Dynamic Response by step-by-step Matrix Analysis, Symposium on the Use of Computers in Civil Engineering, Lisbon-Portugal, October, 1962.
［21］平井一男・水田洋司：逐次積分法の安定性について，熊本大学工学部研究報告，Vol.30（1），1981 年 3 月．
［22］水田洋司・西山研一・平井一男：Newmark の β 法における位相遅れ補正の一方法，土木学会論文報告集，第 268 号，1977 年 12 月．
［23］小坪清真：土木振動学，森北出版，1977 年．

第Ⅲ編

［24］日本道路協会：道路橋示方書・同解説，Ⅴ. 耐震設計編，丸善出版，2012 年 3 月．
［25］土木学会土木構造物の耐震設計法に関する特別委員会 編：土木構造物の耐震基準等に関する第三次提言と解説，2000 年．
［26］鹿島建設土木設計本部 編：耐震設計法／限界状態設計法，鹿島出版会，1993 年．
［27］土木学会 編：動的解析と耐震設計　第 1 巻〜第 4 巻，技報堂出版，1989 年．
［28］日本道路協会：道路橋示方書・同解説，Ⅴ. 耐震設計編，丸善出版，2017 年 11 月．

索　引

英数字

1 自由度系　41
2 自由度系　83
Hz（ヘルツ）　46
Newmark の β 法　120
P 波　17
Rayleigh（レイリー）減衰　118
S 波　17

あ　行

伊豆地震　28
位相遅れ　62
位相特性　62
一定外力　80
一定周期外力　58
インパルス　74
運動方程式　39
エネルギー一定則　147
鉛直震度　141
欧亜地震帯　9
応答　59
応答スペクトル法　139, 148
応答変位法　146

か　行

海溝　2, 5
海膨　5
海洋プレート　8
海嶺　5
核　3
拡大率　60
過減衰　52
火災　29
荷重作用点　40
加速度応答スペクトル　148
加速度計　70
加速度ベクトル　87
過渡振動　58

慣性力　36
岩石破壊　2
環太平洋地震帯　9
基準振動モード　89
気象庁震度階級　15
起振機　65
逆断層　2
共振　61
共振現象　41, 65
共振倍率　61
強制振動　67
共鳴箱　63
空気力学　34
継続時間　19
減衰　50
減衰機構　49
減衰自由振動　59
減衰振動　50
減衰定数　12, 52
減衰マトリックス　97
減衰力　49
剛性マトリックス　87
港湾構造物　28
誤差エネルギー　124
固有円振動数　45, 88
固有角速度　45
固有周期　45, 142
固有振動数　20, 45
固有値　45, 88, 107
固有値問題　99

さ　行

最大振幅　19
最大変位振幅　19
サンアンドレアス（San Andreas）断層　10
時間間隔　120
時間関数　111
時間関数ベクトル　117
刺激係数　151, 162
時刻歴応答解析法　139, 154

地震　4
地震時保有水平耐力法　147
地震多発地帯　9
地震の位置　12
地震の強さ　12
地震発生　12
地震発生機構　6
質点　44, 96
質量　18
質量マトリックス　87
シード（H.B. Seed）　19
地盤の硬さ　23
周期　12
自由振動　41
自由度　83
自由度数　83
重力加速度　42
主要動　17
初期微動　17
震央　12
震央距離　12
震害　25
震源　12
震源距離　12
震源地　6
震源深さ　12
震度　12
振動解析　83
振動系　84
振動計　70
振動現象　33
振動試験　65, 113
振動振幅　22
振動数方程式　88
振動対策　34
振動モデル　83
振動モード　89
振動理論　34
震度階級　14
震度法　140
振幅特性　60

索 引　**181**

垂直波　18
水平震度　141
数値積分法　120
ステップ外力　82
ずれ断層　2, 10
正規化条件　91
正規化モード　92
制震　160
正断層　2
静的変位応答　113
設計振動単位　142
設計水平震度　142
絶対変位　70
線形加速度法　120
線形代数　99
善光寺地震　30
造山運動　6
相対変位　73
増幅率　60
速度応答スペクトル　148
速度ベクトル　87
粗密波　16

た　行

耐震　160
耐震設計　139
対数減衰率　55
大西洋中央海嶺　6
体積変化　17
太平洋プレート　9
大陸プレート　8
卓越周期　20
卓越振動数　20
タコマ橋　34
多質点系　83
多自由度系　98
ダッシュポット　49
縦波　16
単位インパルス応答　77
単位ステップ応答　77
単位体積　18
単振動　44
弾性波　16
断層　3

丹那断層　28
地殻　3
地殻均衡説(アイソスタシー)　3
地殻変動　2
地球内部　3
逐次積分法　120
地中構造物　27, 146
直接被害　25
直交性　93
ツヅー・ウィルソン　10
津波　29
定常状態　58
定常振動　58
テクトニクス　6
動的応答　33
動的解析　139, 148
動的振幅　60
東北地方太平洋沖地震　29, 139
トランスフォーム断層　10

な　行

長野県西部地震　30
波の速度　30
二次災害　25
日本海溝　6
ニュートン(Newton)　41
ニュートンの第2法則　36
根尾谷断層　11
熱対流　3
熱膨張係数　63
粘性減衰　49
濃尾地震　11

は　行

柱の等価バネ定数　85
バネ定数　37
兵庫県南部地震　139
標準地震計　12
比例減衰　118
復元力　36
フックの法則　16

プレート　5, 6
平均加速度法　121
ベティの法則　94
変位応答スペクトル　148
変位共振曲線　61
変位曲線　48
変位計　70
変位ベクトル　87
ポアソン比　18
防振対策　36
ホットスポット　5

ま　行

マイクロメートル　12
マグニチュード　12
マグマ　5
マントル　3
マントル対流　4
免震　160
モーダルアナリシス　102
モードマトリックス　117

や　行

山崩れ　29
ヤング率　18
有効質量　162
ユーラシア大陸　10
横波　17

ら　行

ライフライン　14, 27
ラブ波　18
力学モデル　39
力積　76
リヒター(C.F. Richter)　12
臨界減衰　53
臨界減衰係数　53
レイリー波　18
レベル1地震動　139
レベル2地震動　139
ロピタルの定理　64

著 者 略 歴

平井　一男（ひらい・いちお）
1953 年　京都大学工学部応用物理学科卒業
1955 年　京都大学大学院工学研究科修士課程修了
1959 年　熊本大学助教授
1965 年　工学博士（京都大学）
1968 年　熊本大学教授
1995 年　熊本大学名誉教授，崇城大学教授
2003 年　崇城大学名誉教授
　　　　　現在に至る

水田　洋司（みずた・ようじ）
1971 年　熊本大学工学部土木工学科卒業
1973 年　熊本大学大学院工学研究科修士課程修了
1976 年　八代工業高等専門学校講師
1983 年　工学博士（九州大学）
1988 年　八代工業高等専門学校教授
1995 年　九州産業大学教授
2019 年　九州産業大学名誉教授
　　　　　現在に至る

編集担当　加藤義之（森北出版）
編集責任　石田昇司（森北出版）
組　　版　アベリー／ブレイン
印　　刷　ワコー
製　　本　協栄製本

耐震工学入門（第 3 版・補訂版）　　　© 平井一男・水田洋司 2018

1994 年 3 月 20 日　　第 1 版第 1 刷発行	【本書の無断転載を禁ず】
1997 年 9 月 1 日　　第 1 版第 5 刷発行	
2001 年 5 月 31 日　　第 2 版第 1 刷発行	
2014 年 2 月 10 日　　第 2 版第 8 刷発行	
2014 年 12 月 10 日　　第 3 版第 1 刷発行	
2018 年 2 月 28 日　　第 3 版第 3 刷発行	
2018 年 10 月 23 日　　第 3 版補訂版第 1 刷発行	
2024 年 3 月 30 日　　第 3 版補訂版第 4 刷発行	

著　　者　平井一男・水田洋司
発 行 者　森北博巳
発 行 所　森北出版株式会社

　　　　　東京都千代田区富士見 1-4-11（〒 102-0071）
　　　　　電話 03-3265-8341／FAX 03-3264-8709
　　　　　https://www.morikita.co.jp/
　　　　　日本書籍出版協会・自然科学書協会　会員
　　　　　JCOPY ＜（一社）出版者著作権管理機構 委託出版物＞

落丁・乱丁本はお取替えいたします.

Printed in Japan／ISBN978-4-627-46454-4